U0602615

立人天地

园林，克隆的山，复制的水

王丹 著

微缩的山水，映照着真实的世道人心

黑龙江教育出版社

前 言 | PREFACE

会不会有这样一种可能，当我们站在现代文明的屋檐下，蓦然回首，惊讶地发现，我们没有了历史！我们的过去，是虚无，是真空！

这就好像一个人走过后没有脚印一样，是多么恐怖的一刻。

现代文明的席卷，让我们忙于招架，无暇他顾。我们奔跑在历史的夹层中，在速度中，忽略了历史本身，遗忘了历史本身。

然而，哪怕是一滴水，也要有源头；哪怕是一片树叶，也要来自根。如果丢失了历史，人类的源头就将丧失，文明的大厦就将被摧毁，更不再有文化情怀、文化自尊，民族精神也将坍塌、消散。

所以，在迎接现代文明的同时，不妨把脚步放慢一点儿，稍事停留，在历史中徜徉。这是很有必要的。

古代园林史，是整个人类史、文明史中的一部分。循着它，会慢慢步入历史的腹心，打捞出珍贵的前尘往事。

在人类源头，时光滞留了大约200多万年。在这漫长的时间里，原始人穴居、生啖、渔猎。对于大自然，他们被动而茫然。然而，随着生存的演化，他们在密切接触动植物后，有了心灵感应，有了主动认识。慢慢地，他们驯养了动植物，在部落附近，在简陋的房前屋后，开辟出不规则的小园圃，栽种果树、菜、谷等；还用荆棘圈出一块地，蓄养鸟兽。

于是，园林得到了孕育，开始萌芽了。

狩猎在古代异常火爆，一些旷野山水被圈出来，作为狩猎场所，并加以修饰。园林就此得到了发展。从中，可窥古人的社会习俗。

每一个时代的园林，都蕴含着不同的历史内容。

比如，在魏晋南北朝时期，园林中就渗透着极为饱满的社会信息。

那个时期的园林，特别重视隐逸，特别重视诗情画意。园林的营造，由还原自然变成了象征自然，由写实变成了写意。

为什么会这样呢？

沿着园林的幽径探寻进去，就会捡拾到许多社会信息——时局动荡，战乱不息，人们精神消极，思想悲观，崇尚玄学，追求清谈，远离政治，亲近自然，试图于山水中寻求精神慰藉。一花一树，都被他们人格化了，山仿佛也在呼吸，水仿佛也在凝视，山山水水都成了慰藉他们的知音。他们在这种写意的园林中，得以静心、息性、寄情、开释。

建筑是园林的主角之一。而建筑中，又蕴涵着人伦教化等。

以铜为鉴，可正衣冠；以人为鉴，可明得失；以史为鉴，可知兴亡。关照园林史，便是关照人类自身的认知、自身的努力；便是关照人类生存的有形环境、无形环境，关照人类的足迹。

王 丹

目 录 | CONTENTS

第一章——原始的夏商周园林

第二章——华丽的秦汉园林

第三章——魏晋南北朝的园林之“殇”

第四章——隋唐大景观

第五章——悠远的宋辽金元园林

第六章——明清：园林的巅峰时代

原始的夏商周园林

园林并不单一、单调，相反，它多姿多彩，是多种艺术的结合。在建筑中，它的境界最高，发展最成熟，民族特色最突出；在文学中，它的意境最悠远，诗词感最强；在绘画中，它的神韵最古朴、最深邃。从远古到夏商周，这一时期的园林，虽然简单，但也具备这些特点。

◎哭笑不得的园林起源

最初的园林，是什么样子的？它出现在什么时候？

这要追溯到上古时代。

在一个简陋的部落里，十多个原始人聚集在一起。天一亮，他们就结伴到森林腹地去寻觅食物。他们或者采集果实、叶尖，或者围捕小型的动物。时间久了，他们的食物逐渐充足了，他们可以娱乐，可以放松一些了。

有一天，一个心思灵巧的人，偶然间把部落周围的杂草荆棘割去了，只剩下一些能够结出野果的树，还有一些不碍事的野花。当他一抬头的时候，他猛地发现，眼前的景色很好看，让他感觉喜悦。

他很高兴，呜哇叫喊，让其他人都来看。

众人都觉得很顺眼。于是，又七手八脚地再度修整了一下。结果，景色更怡人了。

当然，他们如此卖力气，并不是因为他们的审美观非常进步。他们更看重的是，修整过的地方方便了他们的来往和出行。

这便是人类最早的园林雏形了。

它是无意中形成的，给原始人带来了愉悦和方便。

随着征服自然的能力越来越强，一些有头脑的古人，选择了定居生活。他们不再玩命地采集和狩猎了，而是开始驯养野生动物，同时进行农耕生产。

农业种植需要开垦土地，他们便跑到房前屋后，用磨制的石器，或烧制的陶器，挖地，栽种。

这些实用性的园圃，一块一块的，镶嵌在旷野里、山林间，形成了一片一片独特的风景。

至此，园林的影子，更多地闪现了。

当然，古人依旧不太在意景致如何，他们关注的是生

▲山水植物构成了园林，图为树木纹陶盆，显示了原始人对植物的热爱

存，是土地的出产。因此，他们对于这些小巧朴拙的园圃风光，注意不多。

古人无意于园林，却成就了园林，这真是让人哭笑不得的事儿。

▲旋涡纹彩罐，说明原始人对水也有了本能的追求

扩展阅读

文学，可修饰园林；绘画，则一定程度地决定了园林。古代绘画结合了写实和写意，表现了“可望、可行、可游、可居”的理想境界。这使园林也具有此种特征。

◎"狩"出来的园林

夏朝是中国第一个有文字记载的朝代，它的第三代王，比较特殊。

这位王，叫太康。

太康性情奔放，崇尚自由，嗜好狩猎。但凡有一点儿时间，他都要带着浩浩荡荡的队伍，奔赴荒山野岭，捕捉豹子、狍子或兔子。

即便是没有时间，他也要搁置政务，跑出去过一过狩猎的瘾。

有一天，太康又离开都城斟鄩，出去狩猎了。他带走了一部分军队，还有自己的几个弟弟，声势浩大地钻到野林子中，奔来跑去，乐不思蜀。

结果，他这一放纵，便过了10个月。

▲奇特的狩猎纹熏炉

夏朝有很多诸侯国，其中一个就是有穷国。有穷国的国君是后羿，射箭本领高强，武力非同寻常。他一直敌视夏朝帝王，暗中有觊觎之心。他派出了许多人，去侦察太康的动静。当他听说太康打猎快一年了还不回来时，心下大喜，决定趁机攻击都城斟鄩，攻占宫城，颠覆太康的统治。

后羿以太康"盘游无度"为讨伐之名，直奔斟鄩而去。他一路迅猛冲杀，几乎没有遇到什么像样的抵抗，一举就占领了宫城。

不久，太康满载着猎物得意洋洋地回来了。然而，刚到斟鄩，他立刻就傻眼了：宫城已被后羿占据，自己的政权已经终结，一个新的朝代开始了。

太康又羞，又气，又无奈，只好带着一帮子人到洛汭（今河南境内）去流浪。

不过，后羿并未称王称帝，因为其他诸侯国虎视眈眈，要讨伐他。有一些势力强大的诸侯，还派兵质问后羿，说既然太康沉溺狩猎，不适合主持朝政，可是，太康还有弟弟，却是可以继位的。后羿难敌，只好把帝王之位让给太康的弟弟仲康。

▲古人喜好狩猎，狩猎促进了园林发展，图为狩猎纹青铜壶

后羿垂头丧气地回到了有穷国，却并不甘心，日夜筹谋。

后羿继续监视仲康。8年后，后羿再也忍耐不住，他实在向往帝王之位，于是，他又带兵攻击了斟鄩，把仲康赶走了。

仲康逃到了帝丘，暂且安身。由于连惊带吓，又深觉耻辱，不久，他就病逝了。

仲康的儿子叫相，相接替了仲康的位置，没多久，也死了。

于是，太康家族彻底失国了。

因狩猎而失去了国家，这在历史上是一件大事。可是，狩猎并未被禁绝，相反却一代代地传承下来。

起初，太康的狩猎，并无固定的场所，只是在一片大野林中来回奔逐。在太康之后，古人为猎获得更多一些，便把狩猎场所圈起来了。渐渐地，他们把狩猎场所修建得越来越好了。

而这些狩猎场所，就是简单原始的园林了。

谁能想到，有些园林竟是狩猎“狩”出来的呢？

扩展阅读

园林不是简单地复制山水，而是基于自然，又高于自然。虽然都是再现自然，但因造园者的身份、地位、情趣等不同，所呈现出的景观，也各有特点，各有高下。

◎囿，最早的园林雏形

“昔我往矣，杨柳依依；今我来思，雨雪霏霏。”静美，宁谧，幽然，如此入画的上古村落，出自《诗经》的描述。

在这世界上第一部诗歌总集中，有许多记载上古小村的文字，都是美得让人惊讶，令人怀想。

最值得一提的是，古人注意到了一个问题：气候变化、阴晴雨雪，对村景有美妙的衬托作用。

到了商朝，农业兴盛，畜牧业发达，商业勃然而起，城市出现了。大大小小的城市，就像蘑菇一样，钻出地面，招摇在3 000多年前的风中。

早期的城市，是土与泥的结合，灰黑一片。为了增加色调，增加绿荫，商朝人开始有意识地营造园、圃、囿等。

他们还把园、圃、囿等字，刻在甲骨上，流传给后人。

那么，园、圃、囿是什么呢？

园与圃，是辟出的一块地，种植果子、蔬菜；囿，也是一种园圃，也叫苗圃，里面放养禽兽。

园与圃是菜园子，而囿，则具备了园林的因素，既绿化、美化了环境，又能供帝王狩猎、游赏。

▼《诗经》中对公共园林已经有了阐述

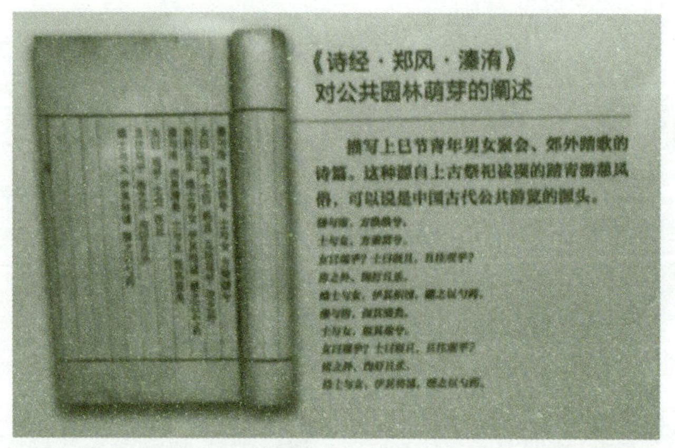

纣王继位后，就琢磨起囿的事儿来。

他是商朝的第三十一位王，很有才华，懂得军事谋略，又有武力，能和野兽徒手搏斗；他还是一个音乐家，会鉴赏音乐。可是，他也很暴虐，凡是逆其意者，都将被

杀；他又贪恋穷奢极欲的生活，想耗费巨资，在都城朝歌修建豪华的囿。

纣王先是跟吕尚（姜子牙）说了自己的想法，想让吕尚监修。

吕尚觉得，囿的规模有点儿大，劳民伤财，便劝谏纣王不要修了。

纣王不同意。

吕尚担心百姓受苦，不去修建。纣王大怒，想要捕杀吕尚。

吕尚听到消息后，连夜逃出朝歌，远远地遁去了。

纣王见吕尚逃跑了，便把崇侯虎召来，让崇侯虎当监工。崇侯虎是纣王的心腹，唯命是从，马上神气活现地兴师动众，召集天下名匠，聚敛全国财宝，开始修建。

崇侯虎一共用了7年时间，才最终完工。可见，囿有多大，有多壮丽。内有几百间宫廷楼榭，重重叠叠，金碧辉煌，为惊世之作。

纣王咧嘴而笑。他把囿作为离宫苑囿，带着后妃、歌伎来到囿中，一连痛饮了3天，极为放纵。

囿中还有数不清的野兽，有地上奔逐的动物，也有天上飞翔的鸟类。纣王很喜欢，纵横其中，拉弓射箭，挥舞刀剑，猎杀动物。

还修了一个鹿台，宏伟无比，“其大三里”；又非常高，有千尺，登上去，似乎能望云接雨。

在商朝，囿，也可以叫苑，也可以叫台，功能差不多，都是帝王的游乐场所；同时，也作为国库，储存征敛到的钱财。

由于纣王生活如此糜烂，贪腐，还经常杀戮无辜，因此，引起天下人的反感，臣子们也都想造反了。

西伯侯是纣王的大臣，他的封地，叫周。西伯侯想灭掉商朝，建立周朝，暗地里积蓄兵力。

拒绝为纣王建囿的吕尚，归附了西伯侯，帮助西伯侯组织军队。为了练兵，他们常借打猎之名，跑到渭水河畔。

一来二去，渭水河畔竟然也有了囿的模样。

吕尚又告诉西伯侯，为了争取更多的时间练兵，先要麻痹纣王。

西伯侯问："怎么麻痹呢？"

吕尚说："可做出耽于享乐、沉溺声色的样子，以消除纣王的戒心。"

西伯侯同意了。

在吕尚的协助下，西伯侯开始兴建灵台，在长安西边，开垦出40里的地，大兴土木。由于西伯侯深得百姓爱戴，一听说他要建灵台，百姓自发集结，纷纷涌来，献力献策。结果，没几天，灵台就建成了，简直就像一个奇迹。

灵台，也是一种囿，是古典园林中最早的建筑形式。

之后，西伯侯把武器军马都藏起来，邀请纣王到灵囿打猎。他在灵囿排列了一大群美女，还有一大群乐伎，撞钟的撞钟，击鼓的击鼓，一派沉溺于歌舞欢娱的场面。

纣王看了，暗以为西伯侯没有大志，不会反抗商朝，心中安定，笑得合不拢嘴，放松了对西伯侯的监视。

西伯侯计谋得逞，开始大肆练兵，同时，善待百姓。

公元前1046年，在寒风凛冽的1月，大雪纷飞，西伯侯率领强悍的将士们出发，向朝歌挺进。纣王闻讯，出兵抵抗，但过于仓促，最终失败。

纣王不肯投降，退守宫中后，独自穿衮服，集珠玉，然后，把自己活活烧死了。

商朝就这样灭亡了。

周朝建立后，深得民望，国力强盛。成为周文王的西伯侯，把灵囿扩大了。也像纣王活着时那样，养了许多珍禽异兽。灵囿变成了皇家动物园。

灵囿内，不仅耸立着高台，还散布着池沼；高台左右，

活动着禽鸟；深水幽潭，游动着鱼儿。

周文王时常来到灵囿，与鹿同行，徜徉囿中。

他还专门设置了一种职务，叫囿人，负责掌管囿中事务。囿人，既相当于动物饲养员，也相当于植物学家、水文学家。

作为一个有山、有水、有建筑的地方，灵囿在人工改造中，显然已经是一个标准的园林了。

灵囿引来许多羡慕的目光，于是，一些诸侯们也开始营建。只是，出于对周文王的尊重，他们把囿建得要小一些。

周朝的囿，是园林在历史上第一次正式露面。一露面，便令人惊艳。那些人工高台、人工池沼，壮丽巍峨；那些野生植物、野生动物，美丽活泼。

这一时期，园林思想逐渐蔓延。有些诸侯别出心裁，还在府邸加入了绿植。

这是建筑与山水的交融、结合，也是园林的最大特色之一。

到了春秋战国，囿仍旧“受宠”。帝王诸侯们仍旧致力于“高台榭，美宫室”，对建宫、建池等，兴趣极浓。

这是一种贪享的风气，却使造园活动久盛不衰。

姑苏台、海灵馆、梁囿、温囿、朗囿等，一连串的景观，争先恐后地问世。在园林史上，出现第一个高峰。

甚至还出现了一个特殊元素——台榭。它为园林史增添了无穷的诗意。

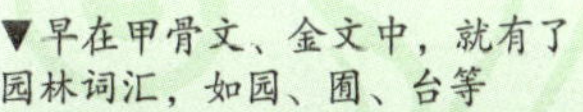
▼早在甲骨文、金文中，就有了园林词汇，如园、囿、台等

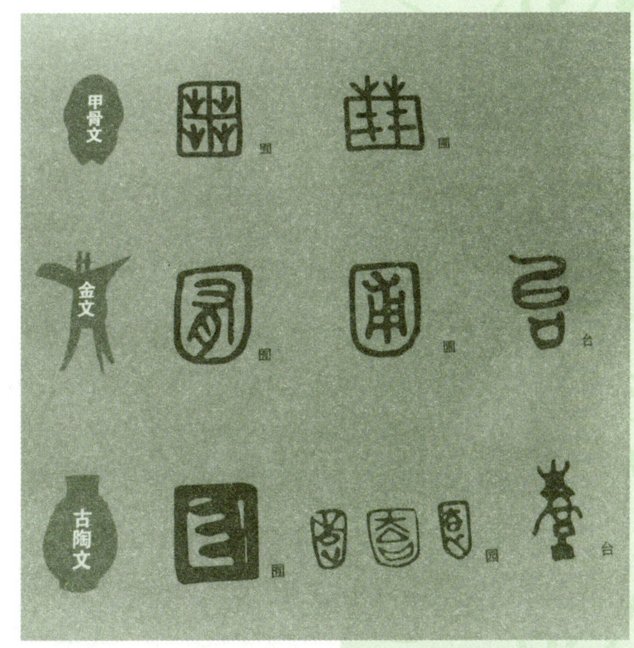

但这一时期的囿，与以往不同了。飞禽走兽少了，野性少了；建筑多了，花草多了。

囿，变成了宫苑与宫殿的结合，建筑与风景的结合，房屋与花草的结合。

它更自然了，更雅致了，更温润了。

以自然山水为主题的园林，从此时萌芽了，冒头了。

扩展阅读

古人欣赏自然带有功利性。同一座山，对于帝王，象征着权威；对于臣子，意味着攀附向上；对于文人雅士，便是入诗入画的景致。这种区别导致园林风格不同。

华丽的秦汉园林

古代园林是传统建筑中的精华，隐含着各种文化因素，有社会风貌，有思想态度，有政治经济走势。了解园林，可洞悉历史。秦汉时期，帝王为表现受命于天，表现威慑力，便以园林为表现语言，彰显强盛，巩固统治。这便是园林文化的正式开端。

◎皇家园林的第一张面孔

一个深夜，万籁俱寂，月黑风高。秦始皇嬴政暗夜无眠，突然要去兰池宫。

他穿着便服，带着4名武士，即刻起身，夜游兰池宫。意外的是，行至中途，突然，有几个人从黑暗处冒了出来，直扑过来。

是刺客!

4个武士反应很快，马上挺身拦截。

事出仓促，秦始皇动弹不得，无从调兵，只能极力躲闪，呆呆地看着。

武士与刺客纠缠在一起，打成一片。武士奋力搏击，在负伤的情况下，把刺客杀死了。秦始皇总算脱离了危险，长吁了一口气，迅速地返回了。

那么，秦始皇为什么要半夜前往兰池宫呢?

原来，兰池宫是一处园林，美而静，赏心悦目，让他眷恋。他睡不着觉的时候，便想到那里安憩。

另外，兰池宫还蕴含着一个关于生命的秘密。

那是怎样的秘密呢?

还要从战国时说起。

战国时，燕昭王渴望长生不老。燕齐一带的江湖骗子知道后，为了迎合他，便信口开河，胡说八道，说东海有神，有丹药，吃了就不死了。燕昭王一听，心花怒放，赶

▼左四为秦朝兰池宫瓦当，右三为汉朝瓦当

紧让人出海，去找神仙，找丹药。尽管每一次都失望而归，但燕昭王还是一心向往着。

当时还是秦王的嬴政，也听说了这事儿，也恋慕着，巴望着。只是他忙于统一天下，没时间顾及此事，便暂时放下了。等到他完成统一大业，成为秦始皇后，他立刻来了精神，让人到东海去，寻找蓬莱仙山、方壶胜景，找不死药。

▼秦朝宫苑所用方形纹砖

他先后派出两批人，带着一帮子童男童女去寻找，结果除了茫茫沧海、狂野的飓风暴雨，什么也没找到。

他又派商人出身的徐福去寻找。徐福带着人，带着钱，带着物，一去不回头，跑到日本岛上过日子去了。

秦始皇气得半死，但还不死心。

▼秦朝宫苑所用铭文砖

他极其怕死，极其不想死，便按照对海中仙山的臆想，在都城咸阳附近挖水池、筑海岛，模拟海景，试图“长生不死”。这便是兰池宫的由来了。

也就是说，兰池宫是秦始皇实现不死愿望的载体。当他忧心忡忡时，兰池宫便成了他的寄托之所。所以，他才会夜赴兰池宫。

兰池宫堪称第一个皇家园林，是皇家园林的第一张面孔。

由于它模仿的是沧海之景，所以，园内引入了许多水流，汇成水塘，阔大无比，东西长200里，南北长20里。

在水塘中，掘土堆砌，形成蓬莱、方丈、瀛洲三山。

由于以此水比喻为海水。所以，在水中还起巨石，刻成鲸鱼的样子，鲸鱼长200丈。

惧死的心理，迷信的心理，推动了园林的发展。这种心理，也成为园林构思的一种新的模式。

▲《方壶图》，神幻缥缈的海上仙山，显示了古人对长生的追求

而仙山海水景观，也掀开了园林文化中新的一页。

除了兰池宫，秦始皇还营建了上林苑。

上林苑位于渭水的南边，以山水为主题，从山坡一直绵延到河边，山色妩媚，波光潋滟。苑内，宫殿参差，辉煌巍峨，核心建筑是闻名天下的阿房宫。

阿房宫在秦始皇之前，就开工了，只是没建成，留下一片遗址。秦始皇在遗址上扩建，把一片废墟弄得气势恢弘。建成后，整个宫殿群壮美得吓人，东西500步，南北50丈，殿上可坐1万人，殿下可放5丈高的旗子，非常威风、庄严。

除了宫殿，上林苑中，还有台、馆等，像星星一样分散到各处。这些“星星”，都是根据地势、地形分布的，自然而然，奇巧有趣，玲珑可爱。

在上林苑最西边，还有一个离宫，是专门用以狩猎的。里面有许多“兽圈”，如虎圈、狼圈等。

动物都很罕见，极为诡谲奇异；植物都很珍稀，丰茂而迷离。

围绕着阿房宫，辐射出了一个交通网；围绕着上林苑，秦朝境内也辐射出了一个交通网。

何以如此呢？

这是秦始皇制定的规矩。他把自己命名为历史上的第一个皇帝，自称为“朕”，唯我独尊，在方方面面都去凸显尊君卑臣的信条。在交通上，他以自己所在的宫殿为中心，向外辐射大大小小的道路。

这种交通网，打破了地域之间的隔绝、闭塞，使不同地域的人，都能来往；使不同地域的经济，都能繁盛；使不同地域的文化，都能交流。

对于国家，这是有益的。

对于园林，这也是有益的。

秦始皇在这种辐射式的交通网中，还模拟天体星

象，点缀了茂盛的花草，引入了涓涓的河流，还另外开辟了湖泊，使整体格局，就似一幅“下凡”了的天象。这种奇特的格局，堪称园林中的奇葩。

扩展阅读

汉朝繁盛，使园林建筑得到发展。出现了图纹异美的圆形瓦当；出现了抬梁式和穿斗式结构；出现了玲珑的斗拱。园林建筑中遂有了庑殿、悬山、攒尖、歇山等各种屋顶式样。

◎没有兔的兔园

汉文帝有个儿子，名叫刘武，被封在梁国，为梁孝王。

梁孝王很奢侈，有一天，他琢磨着，他有非常多的土地，也有非常多的财富，用来干什么呢?

他想来想去，觉得不如效仿皇帝，以皇家苑囿为标准，建造苑囿，规模可以小，华丽不能少。这样，既能享乐，也能彰显实力。

▲由碎石叠起来的假山，在汉朝就已出现

梁国的首都，是睢阳。梁孝王有了这个打算后，便在睢阳城东10公里的地方，修建了兔园。

兔园，也叫东苑，是宫室园林。面积很大，方圆300多里。梁孝王在兔园建了数不清的宫室，都是复道宫室，连连绵绵，蜿蜿蜒蜒，排了30多里。

兔园中原有兔，后来其他珍禽异兽多了，兔子就少了，进而消失了。

兔园建成后，有人叛乱，试图推翻朝廷。朝廷下诏征讨，梁孝王急忙备军，协助平叛，准备在睢阳拦截叛军。

大军驻扎在兔园一带，连营几十里。景象十分奇特，因为军中到处都是奇花异草，奇果异树；不时地，还有奇形怪状的动物跑出来，到处“串门”。

兔园中，还有水塘。梁孝王在犒赏军队时，便与将领们在水塘垂钓。

那里有两个特殊的人工水塘：清泠池、雁鹜池。池中鱼儿很多，池上水鸟疾翔。

◀汉朝云纹、花卉纹画像砖，反映了宫苑的奢华

时而，他们还四处走走、逛逛、看看。

水塘旁，有一座百灵山，山上精心地堆砌很小的石头。这些都是“肤寸石”。所谓“肤寸”，就是古代的度量单位，1指宽为寸，4指宽为肤。

汉朝时，园林之山，多为土山，也就是用泥土堆起来的。也有土石山，是用石块与泥土共同堆起来的，非常罕见。而百灵山，就是一座土石山。

土石山上，还间有独立的石块。叠石极其精妙，有的是仿岩，有的是筑池。

山山池池，非常自然，看不出模仿的痕迹。

百灵山是人工模仿自然的杰作，它开了山水景园的先河。

在这座山水景园中，主体建筑是睢阳城中的曜华宫。其他宫观都围绕曜华宫而铺陈。梁孝王把将领们安排在宫殿中，供应将领们的生活用度，让将领们很开心，更加忠于朝廷。

当叛军扑来后，势若洪水猛兽，梁孝王一时难以抵挡，退守睢阳。

他据城死守，拒绝投降，不肯放叛军通过。

叛军人多，力量雄厚，一日，忽地破城，攻了进去。梁孝王大惊，但还是不降，誓死抵抗。

情势紧急，梁孝王派人夜间潜出，向朝廷请求援兵。他一遍遍地派人送信，但是，朝廷出于大局的考虑，无法援助他，让他尽一切努力拖住叛军。

梁孝王无法，只能硬挺着。这是最艰难的时候，粮草不足，兵器残缺，人员伤亡，但他始终不放松，日夜与叛军对峙、交战。

一夜，朝廷有了回旋余地，切断了叛军的粮草，叛军无以为继，只好败退了。

梁孝王终于解了围。此时的他，衣衫褴褛，满面沧桑，嗓音嘶哑。

平定叛乱后，朝廷论功行赏。由于梁孝王战功卓著，贡献巨大，又是皇帝之子，皇帝便重赏了他，赐给了他皇帝的旌旗。

▲生动的汉朝宅园画像砖

可是呢，梁孝王骤然变了。

他居功自傲，洋洋得意，不可一世，眼睛里放不下丁点儿法制。他常常逾越礼制，出行时，使用皇帝礼仪。跟随的骑乘，有上万人，出行用警跸（即警戒清道）之礼，简直连皇帝都要靠边站了。

他又广结豪杰、名士、高人，招揽到兔园，放纵欢娱，“弋钓其中”。“弋”，就是用带绳子的箭来射禽鸟；“钓”，就是钓鱼。

兔园虽然有囿的影子，但禽鸟大都是观赏的，很少用于狩猎。所以，他只是进行文雅的射猎活动。

梁孝王的野心，渐渐地大了。有一年，他入朝，向皇帝请求，要留在长安，侍奉皇太后。内心里，他是想篡权夺位。

皇帝隐约看出他的心思，没同意。

梁孝王只好回到封国，继续在兔园里消遣。不料，4个月后，他染上了热病，病情急剧恶化，几乎来不及救治，他就痛苦地死去了。

盛极一时的兔园，仿佛在一夜间，骤然衰落了。

兔园虽亡，但灵魂仍在，文人墨客常在诗歌中缅怀它。缅怀它的山，它的水，它的花，它的木，它的动物，它的建筑，它的人文气息……

作为一个私家园林，兔园开启了园林史上另一种重要形式，它使园林世界多了另一抹色彩。

从兔园开始，在园林之路上，私家园林与皇家园林，开始并肩齐行了。

扩展阅读

袁广汉园是私家园林，叠石为山，高10多丈，长几里；引泉入园，积沙为洲，洲上飞着鹦鹉、紫鸳鸯、江鸥、海鸥等。袁广汉因罪被杀后，鸟兽花草被移到上林苑。

◎上林苑的惊世一瞥

公元前138年的一天，汉武帝正在晨光中看一份奏疏。

奏疏言辞恳切，真挚感人，他深受感动，传话下去，赏赐100斤黄金。

接到黄金的人，是东方朔，时任太中大夫。

由于汉武帝想要重建上林苑，强迁百姓，东方朔便为民请命，阻止重建。

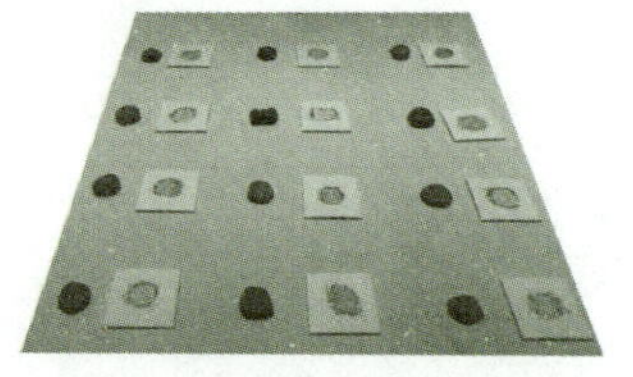

▲上林苑的各色封泥

上林苑是秦朝所建，汉朝取代秦朝后，为恢复国力，把上林苑中300里的土地，分给百姓耕种。但到了汉武帝时代，汉武帝生性奢侈，想要重建，收回土地。

他对东方朔的直言进谏，非常赞许，但是，他并没有听取。

他仍派人去丈量土地，一直把园林规划为8个县那么大，仿佛没有尽头。

很快，上林苑扩建完成。它基本上还是囿，也就是打猎的场所。

但也增多了娱乐性。里面的各色建筑，密密麻麻。

台，在秦朝和汉朝，是一种很重要的建筑。有高台，有土台，铺上土，夯实就行。台上，若建屋，就成了观。

▶蓬莱、方丈、瀛洲被古人认为是东海仙山，他们据此描画出了这种幻境

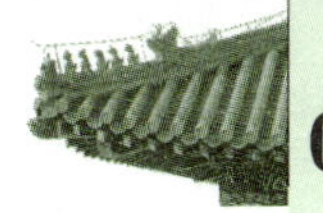

上林苑中，有35座观，风格不同，作用不同。

此外，还有12座门、12座宫殿、36座苑，有70座离宫，可容千骑万乘。

也有池沼，一半是天然的、野生的，一半是人工的。

公元前120年，汉武帝打算征伐昆明国。昆明国位于西南，境内有滇池，方圆150公里，那里的人都擅长水战。汉武帝为了训练将士，也在上林苑开凿了湖，周长40里，名字就叫“昆明池”。

池中，还根据鲸鱼的形象，做了石雕。这条“凝固”的鲸鱼，雕得很奇巧，每当电闪雷鸣时，它就会发声，是一种深沉的吼鸣。

池的两岸，又雕了牛郎、织女，隔着烟水，两两相望。寓意是，把湖水比成银河。

汉武帝泛舟池上，敲锣打鼓地玩乐。这幅情景，让2 000多年后的乾隆皇帝羡慕得不得了，视为偶像，全力模仿。

昆明池自成一个生态系统。

池中有鱼，有荷花，有青草。水生植物十分繁茂，别有诗意。

其中，蒯还具有实用性。蒯，一丛一丛地生在水边。它的茎，可以编席子，还可以造纸。

席是汉朝离不开的东西，这是由他们的坐姿决定的。他们坐着时，有点像跪着，双膝触地，上身直立，臀部坐在脚上，这使得地面上到处都铺着草席。

“席地而坐”这个词语，就来源于此。

由于上林苑房间太多，蒯草供不应求。为此，特意开辟了一个大湖，专门种植蒯草。

各个池沼中，还游动着数不清的鱼鳖，奔逐着数不清的野鸭。它们成为皇家的野味，吃剩下的，还拿到集市上出售。皇帝做起了生意。

▲汉朝花朵纹瓦当

▲汉代“四神纹”瓦当

▼汉朝宫苑中的石灯笼

▲汉朝动物纹瓦当

苑内还有专门种植葡萄、荔枝的地方，又吃又卖，皇帝赚了不少。

至于那些繁密的乔木，则被用来建房筑屋。

园林表现出它的生产功能，这是中国园林史上的特殊现象，显现出更深的文化内涵。

关于树，还有这样一个历史细节。

一日，汉武帝命东方朔同往上林苑。他看到一棵奇异的树，问东方朔叫什么。东方朔说："叫善哉。"几年后，汉武帝又遇此树，又问东方朔叫什么。东方朔说："叫瞿所。"汉武帝听到同一棵树有两个名字，觉得东方朔是在欺辱他，非常恼火，加以斥责。东方朔说："马，小时候叫驹，长大后叫马；鸡，小时候叫雏，长大后叫鸡；牛，小时候叫犊，长大后叫牛；人，小时候叫儿，长大后叫老人。万事万物，无论生死、成败，都不是固定不变的。"

▲瓦当的出现，促进了园林建筑的发展，图为汉代瓦当

▲上林苑铭文瓦当

这段经典言论，被记录在汉史中。后来上林苑消失后，它成为了见证上林苑存在过的实据。

上林苑既是自然景观，又是囿和宫室建筑群的综合体。它的出现，标志着秦汉囿苑的成熟，使园林发展迈出了很大的一步。

另外，上林苑继承了秦朝东海仙山的模式，在太液池中堆筑了蓬莱、方丈、瀛洲三山，构成"神山圣水"。这使"一池三山"的园林模式由此确立了。它也标志着，皇家园林迈出了真正的一步。

◀幻境中的神山圣水被融入园林中

然而，它的寿命很短。汉武帝驾崩后，它只延续了几十年的时光，就在动乱中走向衰败。它重新成为了耕地，归之于民。

扩展阅读

建章宫是一个宫殿群，在上林苑中规模最大。它的布局，不追求平衡、对称，而是错落、灵动，在2 000年中独领风骚；其建筑风格还传入日本，极大地影响了日本传统园林。

◎梁冀园里有内幕

东汉时，有一个权臣，名叫梁冀。

梁冀的先祖，帮助皇帝开辟了东汉，是功臣。他有个妹妹，当了汉顺帝的皇后。他因此当上了大将军。

汉顺帝年纪轻轻就死了。之后，梁冀的妹妹另立一个小皇帝，只有8岁，他就是汉质帝。之所以要立小童当皇帝，是因为娃娃好控制。由此，梁冀的权势更大了。

可是，这个8岁的皇帝并不简单，他很懂事，知道好歹，对梁冀的专权，非常反感。小小的胸膛里，充满了对梁冀的愤慨。

▲汉朝苑囿建筑局部

有一天，娃娃皇帝看到梁冀实在太不像话了，在上朝时，当着众人的面，指着梁冀说："这是一位跋扈将军啊！"

众人吓得瑟瑟发抖，娃娃皇帝童言无忌，说过之后，入内玩耍去了。

梁冀呢？气得龇牙咧嘴，一颗心都要蹦出来。

第二年，梁冀在饼里下了毒，给娃娃皇帝吃。皇帝吃后不适，急忙通知一个忠信的大臣。等这位大臣赶到后，皇帝说，只要给他水喝，就会好些。

但是，梁冀不给。

9岁的皇帝就这样驾崩了。那位大臣急得老泪纵横，却毫无办法。

梁冀毒杀了小皇帝后，又立了15岁的桓帝。此后，他彻底掌控了朝政。

梁冀长相丑陋不堪，瘦骨嶙峋，仿佛鹞鹰；目光凶狠，有若豺狼。可是，就是这样一个敢于毒杀皇帝的人，却怕

老婆怕得要命。

梁冀的妻子，叫孙寿，是个时尚美人。孙寿特别会打扮，善于迷惑人。她每日装扮，为自己描画愁眉——人称“啼妆”；给牙齿染色，妖媚地笑——人称：“龋齿笑”；梳着摇摇欲坠的坠马髻，走起路来，腰肢一波三折——人称“折腰步”。其实就是世界上最早的猫步。

孙寿把梁冀迷惑得神魂颠倒，梁冀因爱生惧，非常害怕孙寿。

孙寿一不顺心，就要揪住梁冀的耳朵，打骂梁冀。梁冀为平息孙寿的怒气，时常跪在地上，哀求饶恕。

孙寿的风头，一点儿也不下于梁冀。两个人甚至比着花钱，看谁更能花，更奢侈。

梁冀建筑府邸后，孙寿一见，立刻跑到街对面，也建起一座堂皇宅院。他们互相攀比，让人震惊。

梁冀看了，心里不服，决定再开造一个园囿，把孙寿比下去。

梁冀在洛阳城内选址，选定了几十里的地，与黄河、淇水连接上。

他采土筑山，山势崎岖、陡峭；他又移植树林，充以奇禽异兽；他还制造绝涧，处处皆水；他并大兴建筑，无论是柱，还是壁，都雕镂着细致的花纹，漆上颜色，窗牖也都静雅，深锁青烟。

园囿的规模，十分庞大，建筑十分华丽，堪比皇家园林，与皇家园林的“一池三山”模式很神似。

这便是梁冀园。

它的玄秘就在于，它是夫妻攀比的结果。

有人比美，有人比才，而梁冀与孙寿比花钱。结果，在一来二去的比试中，比出了梁冀园。

梁冀园虽然豪奢，但也透露着对自然的向往。这很符合当时儒士的思想。

▲汉朝儒士崇尚自然山水，并将其渗透到园林中，图为《白云红树图》

▶灵秀的汉朝绿釉陶楼

▶这件汉朝文物，显现出宫苑的大气庄重

儒士们追求的理想是："濯清水，追凉风，钓游鲤，弋高鸿"。他们希望像清风一样，往来于天地间，凌霄汉，出宇宙，压根不羡慕帝王之门。这种思想，对崇尚山水的观念，产生深远影响。梁冀贪恋权柄，但内心里也有自然情结，所以，梁冀园是一处非常成功的园林。

不过，梁冀享受此园的时间，并不长久。由于他处处挟制皇帝，操控皇帝，皇帝再也无法忍受了。有一天，皇帝暗中嘱咐单超等几个宦官，带兵围攻梁冀之宅。梁冀自知末日来临，与妻孙寿皆自杀。

梁冀夫妇一死，孙氏一族也遭到诛杀，"无论长幼皆弃市"，财产也被没收。

扩展阅读

刘邦见丞相萧何营建未央宫，工程浩大，不禁大怒。萧何道："天子以四海为家，非壮丽无以重威。"刘邦顿悟了壮丽宫室对帝王的意义。这也是园林发展的内因。

魏晋南北朝的园林之"殇"

在历史上，魏晋南北朝颇为动荡，战乱不息。园林受此影响，发生重大转折。这一时期的人崇尚玄学，追求清谈，主张虚无，远离政治，亲近自然，于山水中寻求精神慰藉。这种隐逸，使得园林营造由还原自然，变成了象征自然；由写实变成了写意。

◎“借景”的学问

曹操带领大军行至赤壁。东吴大将周瑜和刘备联军，准备对抗曹操。

赤壁之战就此开始了。

曹操指挥军队进攻。可是，倒霉的是，军中正流行瘟疫，疫情严重，将士们都病得东倒西歪。而且，新编入的水军，以及投降过来的荆州水军，与曹军不睦，天天有摩擦，夜夜生是非，闹得乌烟瘴气，士气萎靡低落。

刚一开战，曹操就被打败了。

曹操无可奈何。他想了想，让水军来到江北，与陆军会合。然后，把战船都停泊到北岸乌林一侧，在那里操练水军，另择进攻日期。

周瑜见了，便把战船停泊在南岸赤壁一侧。

两支军队，隔着波光粼粼的长江，默默对峙。

一日，曹操突发奇想：既然他的将士都来自北方，不习惯水，不习惯坐船，那么，不如把舰船首尾都连接起来，这样一来，人马走在船上，就如平地一般了，也可以从容进行训练了。

▼小园林中，墙能分割空间，墙涂成白色，为粉墙

他很高兴，马上传令下去，即刻执行。

周瑜的部将黄盖发现了，认为这是一个攻打的好时机。

黄盖的意见是：曹操兵多，东吴兵少，即便对峙，东吴也坚持不了多久，不如趁着曹操的船都连在一起，用火烧之，定会获胜。

周瑜同意了。

黄盖便写信给曹操，说自己有功，但不受周瑜重视，想要投降曹操。

黄盖还使用了苦肉计，让周瑜把自己打得遍体鳞伤，让曹操相信他投降是真。

曹操果然没有怀疑他。与他约定了投降的日期。

到了这一天，入夜，黄盖领着十多只轻船，向曹操军营的方向驶去。

曹军并不知道，黄盖的船上载着满满的干草和膏油，外面盖着赤幔，作为伪装，上面插着旗幡。船只顺着东南风，一路疾行。等到距离曹军只有2里远的时候，黄盖让水军齐叫：“降焉！”

曹军以为是来投降的，一点儿不做准备，都停下来，伸着脖子眺望。

黄盖大喜，让人点燃柴草，然后集结到他所在的船上，把空船放走。

一瞬间，只见船上火光熊熊，在猛烈的风势中，船像离弦的箭一样，冲向曹军。

曹操的战船都连在一起，皆被烧毁。大火又蔓延到岸上，把陆军营帐也都烧得烟尘漫天。溺死者、烧死者、呛死者，不计其数，到处都是尸体。

周瑜和刘备见状，率军横渡长江，杀入曹军，把曹军打得落花流水。

曹操无力回天，带着几个人慌忙逃向江陵方向。周瑜和刘备的军队紧追不舍，水陆并进。曹操损失了一半兵马，不得喘息，只好决定退回北方。

曹操的内心，波涛起伏。但他没有气馁。在经过河北的碣石山时，他俯瞰大海，写道：“老骥伏枥，志在千里。烈士暮年，壮心不已。”

曹操已经不年轻了，他想到人生苦短，更加坚定了统一天下的抱负和雄心。

他想，如何才能表达自己的雄心壮志呢？最好是有一个显赫建筑作为象征，可是，那应该是一个什么样的建筑呢？

他没有想出来。

回到北方后，他依旧没有放下这个念头。

一日，曹操召集大将商讨军情。说话间，有人来报，邺城附近挖掘出一只铜雀。

此人还神秘兮兮地说："在挖掘之前，有人在那里看到了金光，刺人眼睛。"

曹操一听，心中一动，突然有了主意。他要修建铜雀台，以此象征自己的雄心壮志。

这一年冬天，铜雀台神速地筑成了。

铜雀台，又称铜爵园，或铜雀园，建于邺城内宫城西侧，是一座内苑。

它有一大进步：它使用了砖，把土筑改为了砖筑。

铜雀台高大雄伟，气势非凡，曹操很满意。但是，他觉得有点儿小。

他又在铜雀台之南，建了金雀台。第二年，他又在铜雀台之北，建了冰井台。

至此，铜雀台、金雀台、冰井台，合称"三台"。

位于中间的铜雀台，是5层楼，高10丈，楼上有120间房屋。

它与金雀台、冰井台，各相隔60步。三台间，用阁道式浮桥连接，壮观无比。

三台之所以非常高耸，这是因为，园林还处于远眺阶段，自然因素多；还没有进入近赏阶段，人工因素少。

这是一种典型的亭台建筑，在审美空间上，从有限到无限，又从无限回到有限。这种审美意识，审美经验，含有"借景"的意思，开了后世"借景"的先河。

这类园林，也被称为"楼阁式台苑"。

铜雀台非常有特点，它与皇宫是邻居，这使它有了大内御园的气质。园中水塘处处，水草丰茂，鱼儿嬉戏，日夜不倦。

受到战争频仍的影响，铜雀台还具有军事坞堡的气质。园中建有武库、马厩、粮仓，以备军需。

魏晋之后，南北朝到来了。

北齐占领了邺城，加造了宫殿，增建了铜雀台。

改造后的铜雀台，变得非常有科学情趣。

铜雀台的台顶上，设了高架桥，很神奇，是折叠桥。若有人来，便坐入一个大铁笼中。大铁笼就像电梯一样，沿着巷道，升到高架桥的位置。然后，桥便缓缓打开，连成阁道。阁道通三台，人上去后，可以随意走动。

等到来人告辞后，阁道又缓缓收起，像“收缩”的机械手。人坐入大铁笼，又被从高空送回大地。

整个过程，就像科幻片一样。

由于着实奇妙、惊魂，上下之旅宛如晋见圣人之旅。

◀用白绿花朵雕饰出栩栩如生的孔雀，代表了园林发展的精细化方向

所以，古人把通向台顶的巷道，叫做“圣井”。

北齐灭亡后，邺城遭到破坏，铜雀台被遗弃，变成了一片废墟。

扩展阅读

在小园林中，墙能分割空间，显得曲折、有层次。墙涂成白色，为粉墙，以其为背景，设山石花木，若在纸上作画；墙依地形而起伏，呈波浪形、阶梯形，为云墙。

◎竹林七贤的乌托邦

三国末期，在山阳县（今陕西境内），一片竹林中，常有一群人来来往往。

他们在那里纵酒，弹琴，放歌，赋诗，斗文，甚至不穿衣服，以裸体为乐。

他们说出怪异的言论，做出荒诞的行为，淋漓酣畅，自由从容；醉了自己，也醉了世人。

他们就是嵇康、阮籍、山涛、向秀、刘伶、王戎、阮咸，世称“竹林七贤”。

他们为什么要前往竹林聚集呢？

原因是，竹林中，有堆筑好的土山，是土石混合的假山。他们看着不错，便相约而去。他们都崇尚庄子的虚无观点，蔑视礼法，崇尚放达，追求自由，不拘小节，而幽静深远的竹林，恰好也应和了他们的思想，所以，竹林成为他们清谈的绝好地点。

▼《竹庐山房图》局部

他们其实是在逃避现实。他们的想法，代表了很多人的想法。

当时，社会动荡，大将军司马氏在和皇帝争权，斗争惨烈，混战频发。在动乱中，保存生命尚且困难，何况其他？因此，无人再去想什么功业，都开始关注个人的精神状态。为应对混乱的现状，他们摆脱了儒家思想的束缚，寻求新的思维方式，于是，玄学诞生了。他们依靠无为的玄学，来逃避世界、脱离苦海。既能明哲保身，又落得清闲

▲《竹庐山房图》，表现了古人对自然山水的追求

自在。

在虚无缥缈的哲学中，他们寻找精神寄托；在清谈、饮酒、佯狂等行为中，他们排遣苦闷绝望。

玄学，成为了他们的救命稻草。

玄学，也对园林产生了重要影响。

这一时期的人，创作了许多玄言诗，玄言诗问世不久，就演变成了山水诗。

山水诗描述了山水，这种描述，影响了园林的景致，使园林的模样，有了很大变化。

竹林七贤造访的那片竹林，也名扬天下，成为一个特殊的园林景观。

然而，它只兴盛了9年，就黯然走向了衰落。

竹林七贤中的嵇康，十分博学，在文学、玄学、音乐等方面，造诣深厚。但他清傲、凌厉、旷逸、不羁，对于大将军司马昭的拉拢，他丝毫不理睬。

他把司马昭看作不仁、不义、阴谋篡位的人，所以，干脆不搭理司马昭。就连司马昭的心腹，他也冷漠地对之。

司马昭大怒，深深怀恨，想要杀死嵇康。

可是，杀人也得有个借口啊，到哪里去找借口呢?

司马昭正在盘算着，突然发现了一个机会，找到了一个“罪证”。

“罪证”就是《与山巨源绝交书》。

山巨源，就是山涛。这是嵇康写给山涛的一封书信。山涛也是竹林七贤之一，他年龄最大，在竹林中隐居几年后，他选择了出仕。他觉得嵇康才华横溢，当他调任后，他想让嵇康

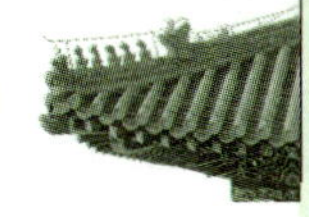

接替他的原职。嵇康不干。因为如果他去接任了，就意味着给司马昭卖命，而他耻于这样做。他便写信给山涛，拒绝了，说自己受不了礼法的约束，宁愿徜徉于自然中，也不愿出仕。

在书信中，嵇康表达了对礼制的蔑视。司马昭知道后，便以此为由，把嵇康抓了起来。

司马昭想把嵇康处以死刑，太学生急了，有3 000多人自发聚集，请求赦免。但司马昭不许，坚决要处死他。

嵇康毫不畏惧，从容赴死，年仅39岁。

其实，嵇康只是不愿屈从司马昭，他与山涛并无嫌隙。当他临死前，他还把子女托付给山涛，告诉他的子女：“巨源（山涛）在，汝不孤矣。”

而山涛也知道嵇康的侠肝义胆、光明磊落。他明白，嵇康写给他的绝交书，对他，起到了保护作用，他不会因受到嵇康的连累而获罪。

山涛默默地抚育嵇康的子女，诠释了“君子和而不同”的佳话。

嵇康死后，竹林几乎名存实亡了。

等到一年后，阮籍也死了，竹林几乎荒寂了。

阮籍是竹林七贤中名气很大的，他的成就，与嵇康比肩。司马昭也想拉拢阮籍，阮籍和嵇康一样，不愿意；只不过，阮籍的拒绝方式，比嵇康委婉、含蓄，甚至滑稽、好玩。

阮籍对司马昭表现得若即若离，似是而非。司马昭让他担任东平太守，他没拒绝，骑着驴踢踢踏踏地上任了。

到了衙门，他看了看隔墙，叫人拆了。然后，他就没事干了。

十多天后，他骑着驴出了衙门，等到晚上，也没回来。

他就这样离开了，就好像开玩笑似的。

有一天，他突然露面了，向司马昭提出，要个官当当。

司马昭问他想当什么官，他说，他想进军营。于是，司马昭便让他当了步兵校尉。

其实呢，他是发现军营中有300斛美酒，他想去尝尝。

等他到了军营后，立刻把竹林七贤之一的刘伶招来。两个人日夜饮酒、吃肉，从没酒醒过。对于政事，一言没有。

司马昭没有怪责他，反倒要和他结为亲家，想让他的女儿嫁过来。

▲《竹林七贤图》，竹林逐渐演变成人文景观

阮籍不干。但他仍不拒绝，他只是更加纵酒了，一连醉了60天。司马昭一直等他酒醒，他一直没醒。司马昭没有机会开口，只能算了。

不久，司马昭终于夺取了政权，当上了皇帝，篡位成功。阮籍再也忍受不住内心的悲痛了。他赶着驴车，随意游走，走到路穷处，便放声大哭，极其凄凉。

他就这样悲怆地死去了。

他的遭遇，深深地影响了其他人。竹林七贤中的另外几人，无奈地接受了现实，相继出仕了。昔日的竹林，彻底没落了。

然而，值得庆幸的是，竹林文化并没有消失，它在一定意义上，仍旧是乌托邦的代名词，象征着超然世俗的理想。

这种文化现象，渗透到园林中，奠定了自然山水园林的基础。

它使园林的营建，由物质认知，提升为美学认知。

它使人在面对园林时，由袖手旁观的观赏，变成了人性化的对话。

它使园林多了人文感，多了一抹灵魂

之光。

在那一山一水中，能够领悟到“道”，领悟到志向，从而有了自觉的追求。

人与园林的距离，骤然近了。不仅多了感知，更多了亲近，多了崇尚，多了热爱。

山水诗、山水散文、山水画、山水园林，互相渗透，更多地点染了世界。

扩展阅读

廊，可划分园林空间，分4种：直廊、曲廊、波形廊、复廊。水廊，伏在水面上，增加水的深度、水面阔度；爬山廊，若壁虎，趴在山坡上，把建筑物联系起来。

◎“短命”的山水

萧绎，是梁朝的湘东郡王，有着皇子的出身。可是，他虽然位高权重，出身显赫，却没有奢靡的作风，不贪慕华贵，不醉生梦死，而是勤于读书，刻苦著述。

萧绎在小时候，有一只眼睛失明，这使他视物困难、疲惫。即便如此，他也不放弃读书，总是让书童念给他听。几个书童轮番念读，有时候，竟然一夜不停。

他有一个理想，想要“成一家之言”，所以，他坚持不懈，始终努力着。

▲清荷为园林重要植物之一

萧绎博学多才，兼有多种身份，既是文学家、诗人、学者，又是画家、书法家，还是音乐理论家、姓氏学家、中医学家、围棋大家。他后来登基做了皇帝，在历史上几百个皇帝中，他的文才位居榜前，他的著作第一多，他的绘画水平亦属一流。

在他还没有当皇帝的时候，他在江陵（今南京境内）的子城中，建了一个园林。

由于他被封为湘东郡王，园林便叫湘东苑；由于他还不是皇帝，因此园林还属于私家园林。

湘东苑非常著名，这主要是因为萧绎谙熟山水画、山水诗，在处理山水时，极为精当、精致、精美。

整个园林，以山为屏障，以水为中心；山是石构，而非土筑。

山中，还构石为洞。石洞曲折，幽深，是出色的人工杰作。

后世的叠洞法，就是源自湘东苑。

▲水是园林的一缕魂魄，图为人工开凿的水池

在山上，有阳云楼。上了楼，可见荡漾的池水。池中，莲荷袅袅；池岸，奇花绽放；池周，殿宇亭榭环绕；池南有芙蓉堂，池东有禊饮堂，后设隐士亭，亭北有正武堂、射堋等，池西有乡射堂，可观望，可休憩。

无论是一池一亭，还是一草一木，每个名字，都被赋予了深厚的文化内涵。这是非常奇巧的。

萧绎对自己的作品很满意，评述道：天地之名，造化为灵；设奇巧之体势，写山水之纵横；山以水为血脉，水以山为屏障。

而且，山山水水，任何一物，丈尺分寸，都有严格的比例关系。这使得山水相映，合于自然规律，一点儿也不突兀。

萧绎营建湘东苑，将山水理论，付诸了实践。在这一点上，他做得最为彻底。

秦汉时，园林宏盛，广袤，壮美，华丽。到了魏晋时，战争迭起，经济萎靡，朝代走马灯似地更换，无法营建秦汉式的园林。造园人只能追求精细，婉转，小巧，可人。

正是因此，他们在理水时，很注意如何处理自然水景、人工水景，使它们崎岖，优美。湘东苑便是如此。

这种风格的转变，使魏晋人的审美、创造力，都有所提高。这对后世营造山水体系园景的理念，有重要意义。

创作手法也悄然转变，由写实转为写意。这标志着，人为思想占据主动，人为意识得到凸显；这意味着，园林开始走向艺术化。

这就是湘东苑所蕴含的巨大价值。

可是，由于战争没完没了，萧绎又存在性格缺陷，这让湘东苑很短命。

萧绎眼睛存在缺陷，这让他心理负担很重。他觉得他的侄子，很注意他的独眼，遂心怀猜忌，想要杀死侄子。他侄子不想坐以待毙，便起兵抗衡，与他交战。他交战失利，丢失了襄阳。而襄阳一失，他的治所江陵，几乎完全暴露在敌军眼前。

在与侄子反目后，萧绎就暗杀了兄弟，然后，自己登基，当上了皇帝。

在此之前，北魏将领侯景来袭，可他光顾着如何篡权夺位，压根不去抗击外敌。等到他继位后，才发兵。

让人疑惑的是，侯景有二三十万人，浩浩荡荡，行军的尘埃铺天盖地。可是，他竟然只派出皇子迎战，队伍只有一万人。

不久，他虽然又增兵，但也不过增加了万人舟师。与侯景大军相比，简直是九牛一毛。没几个月，舟师就全军覆没了。

就在军情十万火急的时候，他还在耽于独眼的猜忌中。他又怀疑弟弟关注了他的独眼，又把弟弟杀掉了。接着，他又杀掉了孙子，袭击了兄长，囚禁了另一个侄子。

他舍弃了最大的敌人侯景，只顾着埋头残杀自己的骨肉至亲。

江陵的形势，已经分外危急了。若从四川出兵，只要顺流而下，很快就能抵达江陵。就如李白的诗句，“朝辞白帝彩云间，千里江陵一日还”，距离是非常近的。

就在这个节骨眼上，西魏又派军来袭，把江陵困住了。

萧绎出枇杷门，亲自督战。战败，被擒。

沦陷前，他把浑天仪毁掉了，又把古画和14万卷书都焚烧了。

这是继秦始皇“焚书坑儒”之后最大的文化破坏事件。在这件事上，萧绎是破坏文明的千古罪人。

萧绎搞完破坏后，想要投火自尽。宫女紧紧地拉着他的衣服，救了他。

他被俘后，很快就被害死了，3年的皇帝生涯走向了终结。

那个美轮美奂的湘东苑，惨遭践踏。

萧绎在营建湘东苑时，追求的是自然美，表现的是自然美。他认为，人生苦短，应及时行乐，所以，湘东苑的游娱性质很明显。他又知道，战争频繁，朝代更迭，会破坏园林，所以，他又把湘东苑建在城里。既能享乐，也能记载于史。可是，无论他考虑得多么周详，多么细致，湘东苑的山水，仍然是短命的。

扩展阅读

佛教传入中国后，寺观园林逐渐向世俗化发展。北魏开凿的云冈石窟，壁画中的菩萨，个个美艳动人；教义被具体化、形象化，寺中有了放生池、莲池等游赏建筑。

◎能冰镇酒水的苑囿

南北朝时，南齐有个将军，名叫崔慧景。由于南齐皇帝嗜杀成性，许多旧臣都被杀死，崔慧景也不安起来。

豫州刺史也和崔慧景一样，日夜惊惧，寝食难安。由于他吓得水米不进，思来想去后，便背叛了南齐，投奔了北魏。

南齐皇帝听到消息后，气得暴跳如雷，下诏要追杀这个刺史。

3月，南齐皇帝封崔慧景为平西将军，率领军队出京，从水路前往寿阳，讨伐那个刺史。

崔慧景一见有机会离开京城，暗自庆幸，快马加鞭地连夜飞驰。

在飞速行军，越过广陵几十里后，崔慧景召集部下，说道，皇帝昏庸，十分残忍，朝纲不振，若能起兵对抗，定能立下不朽功勋，安保社稷。

本来众人就对皇帝又恨又怕，在听了崔慧景的动员后，纷纷响应。

大军蓦地返回，向着京都狂奔，准备捉拿皇帝。

南齐皇帝很快得了信，他让右卫将军左兴盛出兵，去拦截崔慧景。

不料，崔慧景行动神速，已经渡过了长江。

南齐皇帝急得发狂，3月15日，拼凑了几万人，前去拦截崔慧景，封锁了道路。

崔慧景见情势紧急，让部下献策。万副儿想了一个办法，从蒋山的林间小径秘密而上，趁夜偷袭；那里隐秘，陡峭，可出其不意。

崔慧景果断地听从了。

入夜，他挑选出1 000多个将士，偷偷隐入密林，在

西麓悄悄潜行，攻入南齐军营。

仓促中，南齐大军始料不及，分外惊恐，四散逃遁。几万人眨眼间就像风一样消逝了。

南齐皇帝次日得到消息，气得半死，又让左兴盛带领3万人，镇守北篱门，与崔慧景对阵。

左兴盛领命后，却并未执行，他一听说崔慧景来了，马上就率先离开了。

崔慧景就这样顺利地闯入了京城，包围了皇宫。南齐军队瞬间瓦解，望风而逃。

崔慧景则把大军驻扎在乐游苑（今南京境内）。

乐游苑，是一处皇家园林，位于皇宫北边，覆舟山下边。山下有正阳殿、重光殿，山上有楼观。伫立在楼观中，东望，则有钟山，北望，则有玄武湖。

乐游苑圈入了西池，里面涟漪朵朵，美丽非凡。利用水流，还特意开凿了流觞禊饮，诗意十足。

不过，乐游苑最著名的地方，还在于它有一口冰井。

冰井开凿在山阴处，每一年冬天，都要采冰，储存起来，供皇帝在夏天时冰冻酒水、果子。那时候，皇帝召集群臣入苑，又是宴游，又是赋诗，又是禊祓，然后，在酷暑中，享受那冰酒，冰果，怡然自得。

崔慧景起兵时，顾不上冰井，完全把乐游苑当成了军

◀舫，是奇特的水上建筑，图为园林中的画舫斋

营。军队就停驻在山下的法轮寺中，由于兵马往来，乐游苑被糟蹋得一塌糊涂。

这时，又发生了一个意外。

崔慧景的部将中，有两个人，分别是崔觉、崔恭祖，他们为了争功，发生了激烈的争执。

崔慧景本是武将，但在这关键时刻，他却没有雷厉风行地解决问题，而是坐在法轮寺中，大谈佛性、佛理。

他崇尚清谈，是受到当时风气的影响。魏晋时的名士，都追求虚无玄远，清谈是一种时髦，彰显远离政治、亲近自然的明净情怀、至高境界。

可是，这对于一个统帅来说，却是不适宜的。

他的部将崔恭祖见他一味高谈阔论，虚幻玄奥，没一点儿实际，非常怨恼、气愤。

恰逢此刻，南齐皇帝派来了一股援军。崔恭祖暂且放下争执，劝告崔慧景，让2 000人截断西岸的援军，不让援军渡江。

崔慧景不同意，理由是：皇帝转眼就会投降，到时候，援军自然就散了。

崔恭祖无奈，说要么让他出去击退援军。

崔慧景还是不同意，而是派了崔觉出兵。崔觉带着几千人渡河，到了南岸，刚刚交战，就被打败。在渡河时，还淹死、冲走2 000多人。

崔恭祖简直无法忍受。尤其是，他抢掠到的女伎，又被崔觉抢走了，这让他分外恼火。他怒不可遏，当天夜里，便归附了南齐。

崔恭祖的离去，让崔慧景的军队，士气大挫。

5月17日，崔慧景围城12天后无效，屡次挨打，士气已经下降到零点，无人愿意冲锋。他见大势已去，只好带着几个人，偷偷地潜出军营溜走。

途中，几个随从都悄悄离开了他。他只身一人，骑马

走到蟹浦。在水边的渔夫看到了他。渔夫想着他在乐游苑的野蛮杀戮，分外激愤，趁他不备，把他杀了。

渔夫取来装泥鳅的篮子，把崔慧景的头颅放进去，一路挎着，来到了京城，献给了南齐军队。

至此，崔慧景之乱结束了。乐游苑被重新修整了一番。

不幸的是，不久，又有人起兵，攻打乐游苑，乐游苑再度惨遭荼毒。

战事平息后，乐游苑又被重修。

有一年夏天，天上频降“甘露”，皇帝大喜，建了甘露亭，专门采集“甘露”，赐予大臣。

这个小小的甘露亭，飞翘在覆舟山上，灵巧如燕，深得文人喜爱。谢灵运、鲍照、沈约等人，都在此滞留过，留下了千古流传的诗作。

乐游苑，共南朝一梦。南朝开始，它问世了，南朝结束时，它也废弃了。

扩展阅读

舫，是一种奇特建筑，位于水中，仿船形；水中部分，是石砌，水上部分，是木造；头端，有跳板，连接池岸，尾端，有上下两层，供人入舫、登高、远眺烟水。

◎桃花源：建筑在梦中的园林

在中国历史上，谁是第一位田园诗人呢？

答案很干脆——陶渊明。

陶渊明的父祖辈，都是官员，但到陶渊明出生时，家族已经没落，境况窘迫。但是陶渊明在小小少年时，就拥有了远大志向。他的“猛志逸四海”，想要以一己之身“大济苍生”。

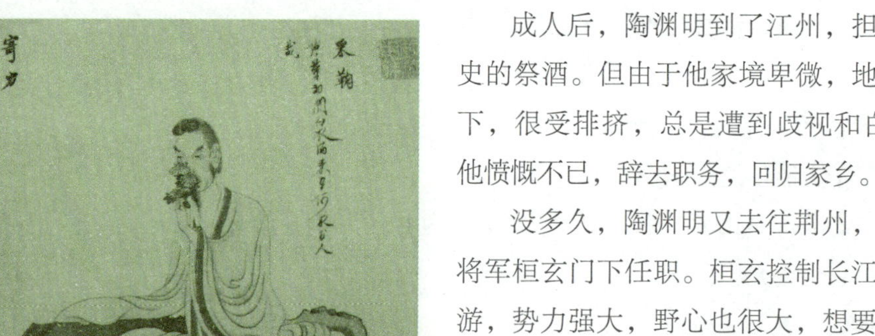

▲《陶渊明采菊图》

成人后，陶渊明到了江州，担任刺史的祭酒。但由于他家境卑微，地位低下，很受排挤，总是遭到歧视和白眼，他愤慨不已，辞去职务，回归家乡。

没多久，陶渊明又去往荆州，在大将军桓玄门下任职。桓玄控制长江中上游，势力强大，野心也很大，想要推翻晋朝，篡夺皇位。陶渊明看出桓玄的心思，非常失望，不愿与桓玄同流合污，再度辞职，回到了家乡。

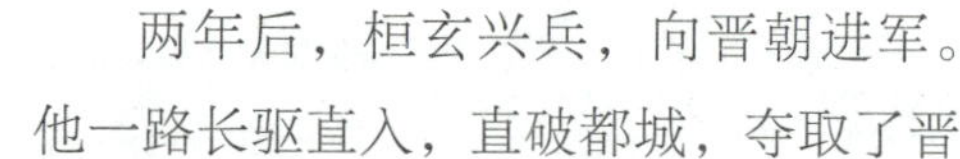

两年后，桓玄兴兵，向晋朝进军。他一路长驱直入，直破都城，夺取了晋朝的政权，把晋朝皇帝软禁起来。

陶渊明悲痛欲绝，却又毫无办法。

一日，陶渊明忽然听说，下邳太守刘裕，四处联兵，抗击桓玄。陶渊明非常高兴，振作起来，乔装打扮，昼伏夜出，冒着生命危险，偷偷穿越桓玄的占领区，抵达刘裕的大营，向刘裕诉说了有关桓玄的情报。

刘裕很重视，调整了军事部署，攻入了都城，驱逐了桓玄。

刘裕作风不凡，百官肃然，恪尽职守，几乎在一夜间，

就改变了混乱的风气。

可是，陶渊明没高兴几天，突然又落寞了。

他发现，刘裕也是一个血腥之人。刘裕为了培养心腹、铲除异己，杀害了许多无辜者，血流成河。

陶渊明心灰意冷，彻底绝望了。

当他被任命为彭泽县令时，碰到一个督邮，属吏告诉他，应当束带迎之。他深深地叹息道：“我岂能为五斗米而折腰！”

陶渊明对政权再也不抱任何希望了，他内心寂然，挂印而去，毫无留恋。

在他出仕的13年中，他为了“大济苍生”，不断地努力，不断地尝试，但也不断地失望，不断地绝望。这让他由沧桑而淡泊，坚定了归隐田园的想法。

陶渊明两袖清风，回到故乡，开始了躬耕的生活。

他到山地上开荒，建起了一个小园，有十多亩地，八九间草屋，古旧，清雅。屋后，有榆树，有柳树；堂前，有桃花，有李花。

炊烟升起后，草屋依依，静远，温暖。在又细又小的巷子中，狗吠声起伏，鸡鸣声哗然。而那大大的桑树上，桑葚红得黑紫。

陶渊明最喜欢菊花，在宅子边，种满了菊花。他“采菊东篱下，悠然见南山”，清逸放达。

在这个小园中，每次有人造访，陶渊明都要饮酒。每次饮酒，他都喝醉。他觉察到自己醉了，便对客人说，我醉欲眠，卿可自饮，可自便。

这一时期，陶渊明的生活便是赏花，饮酒，读书，作诗。

▲《桃源问津图》，图中可见山水葱茏

在他的笔下，少了哲学的思辨，多了生命的感悟，一草一木，都充满了情意。看似平淡，却又生机勃勃。

他的这种创作，被后来的唐宋人所继承，成为写意山水园的灵魂，极大地影响了山水园的发展。

不幸的是，几年后，陶渊明的小园发生了火灾，他的小园被一烧而光，无论草屋，还是菊花，都化成了灰烬。

陶渊明失去了栖身之所，无处容身，只能寄居到船上。生活更加清寒了。

他又遭逢了灾荒年，吃穿无着。夏天，他几乎天天挨饿；冬天，在寒夜里连被子都没有。

让他深受打击的是，晋朝的皇帝，被刘裕杀掉了。刘裕自己当了皇帝。

面对社会的黑暗，陶渊明无言以对。

他就此写下了《桃花源记》，描绘了一个理想的社会。在这个社会中，没有杀戮，没有压迫，只有和平，只有恬静。这个社会，就是桃花源。

▼《桃源仙境图》，描摹了幻想中的山水园林

桃花源，是对黑暗现实的控诉、挑战、讥讽、否定，也是陶渊明对避世的向往，是他精神世界的呈现。

作为一个理想国，桃花源堪称一个梦中园林。

他以原先建造的小园为基础，在梦想中，继续扩建，使桃花源“芳草鲜美，落英缤纷，黄发垂髫，并怡然自乐”，俨然世外仙境。

桃花源中，有出世的清香，没有入世的混浊，让人心灵静谧，有所安适。

陶渊明因此被誉为“千古隐逸之宗”，他所“建筑”的特殊园林——桃花源，也深深地影响了历史。

自古以来，画家便偏爱山水，文人便偏

爱自然。他们在山水自然中，猎获了美，捕捉了美，享受到了愉悦。因此，山水自然是他们的一种精神寄托。在动荡的时代，人人失望，动辄不安，寻找精神寄托更为重要了。也正是因此，私家园林多了起来。桃花源虽然是幻想中的私家园林，但也表达了人的精神需求，也是一种精神寄托。

而且，这种寄托，影响了每一代人。

与其他私家园林不同，桃花源不仅是虚幻的，而且，它不是享乐式的。它的整体风格，雅致，清新，脱俗。这是受社会影响的结果。

不过，桃花源终究是个泡影，不能让陶渊明真正栖身，他的生活，依旧艰难。

暮年，陶渊明更加贫困了，四处奔波借贷。

有人惜他才华，劝他出山做官，他坚决不肯，宁愿风吹雨打，决不混迹官场。

他就这样过了22年的艰苦田园生活，固穷守节，志向弥坚。

陶渊明62岁时，在一个清晨，露珠欲坠未坠，他猝然长逝了。他和他的桃花源，在这一瞬间，成为了永恒。

扩展阅读

先秦时，古人用比或兴诠释自然山水。孔子说，“智者乐水，仁者乐山”，以山水比德。因为水的清澈象征明智，山的稳重象征敦厚。这种情况，促进了园林的发展。

▲古代别墅也是一种园林形式，图为东山别墅

◎美而凄凉的庄园

山水诗的开创，是在晋朝。有一个人，是第一个大量创作山水诗的人，他就是谢灵运。

谢灵运的山水诗，可谓道法自然，一改之前晦涩的玄言诗，代之以清新的韵味，既自然，又静谧，又悠远。

谢灵运原籍陈郡阳夏（今河南太康），出生在会稽始宁（治今浙江绍兴市），襁褓中，就被家人带离家乡，到京都生活。等他返回故土时，他已经38岁。

他之所以离京，是因为他的仕途多波折。他因有才华，受到权臣的嫉恨、排挤，心中抑郁、愤懑，回到家乡。

那是一个7月天，他第一次踏上了始宁的土地，回到了先祖生活的老屋。

在始宁，他滞留了几天，默默无言。

之后，他返回京城，继续任职。但他始终不得志，总受欺压。他再也无法忍受了，终于辞去官职，隐居故里。

回到始宁后，对朝廷心灰意冷的谢灵运，决定在山水中过完余生。于是，他开始修葺祖父留下的始宁墅。

谢灵运的祖父，是谢玄。谢玄把这座山居别业，叫做始宁园。始宁园是个私家园林，谢玄病后，营建此园，用心奇特。园子的楼前，是滔滔奔流的江水；园子的对面，是逶迤连绵的远山；园子的坡地，是俏丽的楼阁，桐树花开，芳香流荡，樟树凝碧，翠烟绕膝。

谢灵运另外增建了许多草房，像撒米粒似的，散在山岭中。无论仰望，还是凝视，都能与这种茅草屋对视。

为了便于跋山涉水，他还发明出一种鞋，能够自动拆卸、安装——“上山则去前齿，下山去其后齿”。这是一种奇特的木屐，世人称它为“谢公屐”。

扩建后，谢灵运把它称为始宁墅。始宁墅洗尽铅华，

自然而然，情趣古朴，格调静雅。

这里又自产谷物、果蔬，是一种自给自足的庄园。而这种模式，很好地为文人园林的出现，定下了基调。

在魏晋南北朝，庄园、别墅是一种特殊的私家园林，是特殊的时代产物。面积很大，“襟怀”很广，把真山真水都囊括进来。

它们其实是在变相地巧取豪夺土地资源。不过，尽管如此，它们的势头，依旧高涨。

在始宁墅之后，类似的庄园，多如繁星。

谢灵运深爱始宁墅，他依山建筑了经台、禅室，临水照花影，默听诵禅声。

他行走山间时，穿林越岭，奔逐田野。

他泛舟水面时，来来往往，穿梭在洲岛间。

无论陆行还是水行，他都啸傲风月，陶然忘情。

始宁墅野性浓重，树上有鸟，水下有鱼，林间有兽。但是，谢灵运和他的祖父谢玄一样，不愿残杀动物，认为禽兽也有“人性”，应以好生为德。所以，始宁墅的生态环境，非常原始，非常完美，没被破坏。

谢灵运才思如泉，性情桀骜，放任山水让他颇为自得。可是，由于他仕途坎坷，郁结于心，他的寄情山水，主要是为了排遣忧愤，而忧愤很难消散，所以，他虽喜恋山水，但心情始终不好，始终有丝丝悲怆。这使得始宁墅也蒙上了一层凄凉的色彩。

谢灵运隐居始宁墅，长达3年时间。

3年后，新的皇帝即位，政局起了变化。谢灵运的政敌，或被杀，或被遣，谢灵运的内心，终于畅快起来。

阳春三月，谢灵运被召入宫，担任秘书监。谢灵运离开始宁墅，再度进京。

然而，让他失落的是，皇帝只把他当成著名大文学家，只与他谈文论艺，不涉政事。

谢灵运意不平，坚持了一段时间后，自称患病，不再上朝。

他再次离开京城，回到了始宁墅。

又是3年过去了，始宁墅依旧美而凄然。

世事难料，此次回乡后，谢灵运与会稽太守不睦，发生纠纷，形成冲突。太守诬陷谢灵运，心怀不轨，有“异志”。幸亏皇帝心里明白，没有相信这种诬陷，没有归罪谢灵运。但是，也没准许谢灵运回到始宁墅，而是把他禁足在京城。

谢灵运49岁时，犯了一个过错，被拘捕起来。谢灵运试图逃脱，与人密谋，想让人把他解救出去。不料，机事不密，泄漏出来。他被斩首示众，尸体弃于乱市中。

始宁墅自此走向荒芜。

扩展阅读

园林有4个要素：山、水、花木、建筑。建筑是园林的灵魂。若无各种建筑，园林就是单一的景观，没有生机。早期园林，建筑单调，随着时光推移，建筑多样了。

◎寺观园林中的“CBD”

有一个姓贾的东晋人，祖上都是读书人。他受到影响，也手不释卷，勤思敏学。在13岁时，他就跟着舅舅到各处去游学。经过多年的积累，他掌握了儒学，也深谙了老庄哲学。

他21岁时，有一天，带着弟弟去太行山，在那里听了一席《般若经》。就在一瞬间，他突然彻悟了。他望着明山净水，感叹道：“儒道九流学说，有如糠秕。”

之后，他毫不犹疑，毅然剃度、出家。他的弟弟，也坚定地随他落了发。

他就这样在一念间脱离了凡尘，开始了僧人的生涯，法名慧远。

慧远清静贫苦，勉强饱腹，常常连衣服都褴褛不堪。但他毫不在意，日夜习佛，极度刻苦。

当他24岁时，他已经成为著名僧人，开始讲解、传授《般若经》了。

一年，慧远带着几十个弟子，前往广东的罗浮山。

经过庐山时，慧远见此山清净，仿佛一尘不染，心下欢喜，便停留在庐山的龙泉精舍，在那里息念读经。

慧远有一个道友，名叫慧永。慧永很崇敬慧远，为了帮助慧远更好地修道，他找到当地刺史，对刺史说：“别看慧远年轻，他很了不得；他才开始弘法，就有如此多的人跟随他，将来会更有出息，追随者会更多；如此，若没有一个像样的道场，像话吗？”

▼寺观园林留存久远，景致更好，图中可见寺观园林一角

刺史听了，深以为然，便资助慧远建造道场。

这个道场，就是东林寺，也是历史上第一个寺观园林。

园林共有4种：自然园林、皇家园林、私家园林、寺观园林。

寺观园林是公共园林，是开放性的，不同于皇家园林和私家园林为少数人所垄断。

在整个园林史上，寺观园林数量最多，远比皇家园林、私家园林的总数要多。

寺观园林的寿命，也最长。它不比皇家园林、私家园林，会随着朝代更迭、人世兴衰而被废、被毁。它很稳定，在尘世沉浮中，亘古长存。

它还沉淀了厚重的人文感，积累着宗教古迹、历代吟诵。

由于寺观园林兼备自然景观、人文景观，因此，它的价值非常大，既有历史价值，也有文化价值。

慧远营建东林寺时，背倚香炉峰，一旁是瀑布、深壑；他又用石头垒成台基，栽植了许多松树；阶前环绕着明澈的清泉，室内满是白云缭绕。

在东林寺内，慧远还别出心裁地建造了禅林。禅林中，绿树森森，寒烟凝碧，石径幽幽，苔痕重重。

这个禅林，是人工禅林。它出现在自然景观中，堪称园林中的一个先驱性设计。

寺观园林的景观，颇具内涵，颇有空间，既深，又远，又有层次，视野广阔。无论是远近、高低，还是动静、明暗，都对比醒目、强烈。

它代表了寺观园林的典型特色，即：天然景观与人工景观高度融合；内部园林气氛与外部园林环境高度结合。

这个特色，是辉煌的皇家园林所望尘莫及的，是玲珑的私家园林不可比拟的。

所以，世人才说，“湖山天下好，十分风景属僧家”。

东林寺建成后，人流如织，绵延不绝。寺内人影幢幢，声音起伏，热闹非凡，仿佛寺观园林中的“CBD”。

慧远深居东林寺一隅，静心修行。在这里，他还创建了口念“阿弥陀佛”四字真经的简易修行法。

在那个时代，佛法已经从印度传入中国，只不过，初具雏形，尚且模糊。慧远为了解决这个问题，他又设立了“般若台”，在那里翻译经文。他也因此成为翻译史上第一个私立译场的人。

一代名流谢灵运，非常钦服慧远。他来到东林寺，为慧远开凿了两潭池水，水中种满白莲。莲花清濯，超凡脱俗。世人便称慧远的佛社，为“白莲社”。后来的净土宗，也是因此而称为“莲宗”的。

慧远修身弘道、著书立说，所下的苦功，是常人难以想象的。

他竟然在30多年的时间内，足迹不入凡俗，身影不出庐山。每有客人来访，他也只送到虎溪，绝不多踏出一步。

在他的努力下，东林寺一跃而成为南方的佛教中心。

在他的提倡下，僧人的尊严得到了重视。

许多朝廷官员认为，僧人见到帝王，应该礼拜。但慧远却强烈反对。他的理由是，僧人业已出家，不在红尘中，不应该再屈从于世俗规矩。

慧远表现出了自尊自强的品格。

他在捍卫尊严时，毫不妥协，掷地有声，铁骨铮铮。皇帝再三思考后，终于下了一道诏书，同意僧人不礼拜帝王。

尽管如此，皇帝心中自是不平。有一次，皇帝在率军出征时，路过庐山，要求慧远走出虎溪一见。

慧远不肯，说病弱之身，无法前行。

慧远坚决不肯走出虎溪，皇帝无奈，只好自己走进虎溪，去见慧远。

皇帝又生气，又带着满身傲气，心想，等见到慧远后，一定要杀杀他的威风。不料，让他意想不到的是，当慧远出现后，他立刻被慧远的肃静神韵所折服，不自觉地礼敬起来。

谈话时，皇帝问慧远：“古人有言，身体发肤，受之父母，不敢毁伤，既然如此，为什么要剪削头发？这不也是一种不孝吗？”

慧远静静地答道：“立身行道。”

如此言简意赅，静水流深，让皇帝分外钦佩。当他走出虎溪后，对身边的侍臣说：“一生从未见过慧远这样的人，实在难得。”

慧远生平极爱山水，除了营建东林寺，慧远在一年夏天还组织了山水游。

这是历史上第一次“组团文化旅游”，他带着30多个弟子，走出东林寺，深入庐山腹地，来到石门涧，观赏山水。

弟子们非常开心，不断地吟诗作赋。慧远也大发诗兴，还为弟子的诗赋作序。这篇序，是文学史上第一篇山水游记。

此后，世人的山水意识被彻底唤醒，在园林营建方面，更加注重真实的山水了。

扩展阅读

园林很奇妙，能将诗词中的字眼，如徘徊与流连、周旋与盘桓等，用建筑语言体现；即便哲学中的字眼，如《易经》中的来回与往复、周而复始等，也能体现。

◎实用的风景

有个河北人，名石崇。他非常有才智，能力突出，小时候就有作为，到了20多岁，就当了县令。

可是，他又很邪恶，贪婪，腐败。他不断诈取钱财，欺压百姓，捞到很多昧心钱。他的财富，堆积如山。

石崇还好炫耀。当他看到王恺奢华的生活时，非常不服气，想和王恺斗富。王恺是皇亲国戚，排场了得，石崇为了能够赛过他，决定修筑一个园林。

这个园林，就是金谷别墅，即金谷园。

金谷园作为一个园林，在这里具有了强大的实用功能，成为一种手段和工具。

金谷园中，有人工开凿的水塘，有活水浮泛的涧水。水流蜿蜿蜒蜒，缠缠绵绵，萦绕在各个亭台轩榭间。

河道中，小舟荡漾；河岸上，垂柳依依；河心处，钓者如禅。

根据地貌的不同，地形的不同，搭配了各种植物、野花。

春天，桃花灼灼，蝴蝶翩跹，绿烟迷蒙，楼阁掩映，林鸟啁啾，枝影横斜。洛阳人惊其美，把它视为洛阳八大景之一。

金谷园又大，又全，又多景。“观”和“楼阁”，举目皆是，雕梁画栋。

石崇让人装了一车车的绢、绸、铜器、铁器等，派人运到南海群岛，然后，与那里的人交换珍珠、玛瑙、琥珀、犀角、象牙等。金谷园内镶嵌了这些珍宝，当真金碧辉煌。

金谷园建成后，的确压倒了王恺，并把所有官员都惊住了。

石崇搬进了金谷园后，日夜挥霍，糜烂无度。

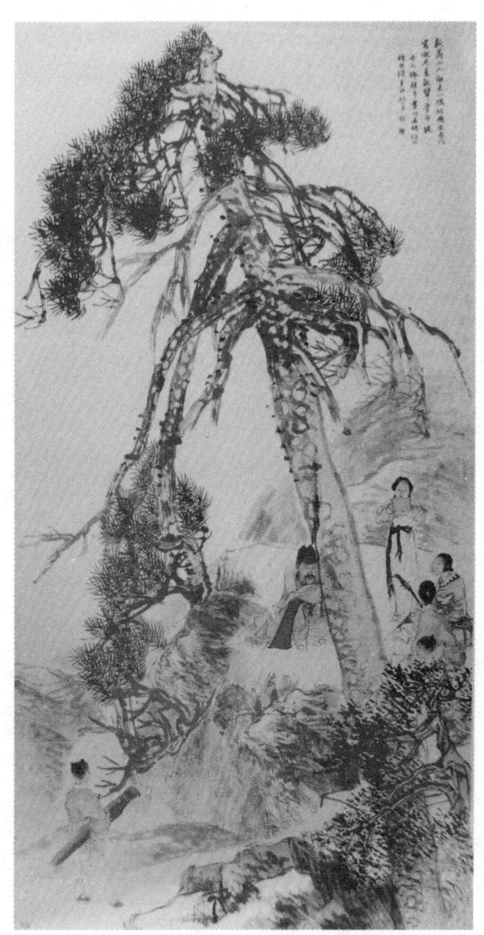
▲《金谷园》图，松木参天，古意盎然

金谷园的厕所里，放置甲煎粉、沉香汁等珍稀香料。厕所豪华阔气，俨然宫殿，内中有十多个女子，穿着华衣丽服，带着满头珠翠，为如厕者服务。但凡来访的官员，一旦入内，就要接受她们的侍候。

有一天，官员刘寔到金谷园去，向石崇汇报事务。他是第一次到金谷园来，突然想小解，便疾奔厕所。一入厕内，他抬头一看，到处都是名贵的绛色纱帐，锦绣的垫子，流光溢彩的陈设，还有年轻少女捧着香袋侍候。他以为误入了石崇的内室，吓了一跳，连忙撒腿跑出来。

金谷园中的女子，大都命运凄惨，生死几乎就在一瞬间。

石崇的日常事务，就是豪饮享乐。每次宴饮，都要由女子劝酒，如果宾客不能一口饮尽杯中酒，侍女就要被杀掉。

丞相王导就有过如此惊魂的经历。

王导和大将军王敦到金谷园去，王导原本滴酒不沾，但担心石崇因此杀人，便努力地大口喝酒，结果，醉得不省人事。

王敦却恰恰相反。他不想喝酒，就坚决不喝，无论侍女如何含着泪花苦劝，他都无动于衷。有3个侍女先后劝酒，都没劝动王敦。石崇非常不高兴，当场就把3个侍女杀了。

事后，王导很生气，责备王敦。王敦不以为然，说道："石崇杀的是他自己府上的人，关你什么事呢？"

杀掉侍女，其实也是石崇斗富的一个方式。他是想以此表示，他的侍女比王恺多。

当石崇得知，王恺府上用麦糖刷锅，他立刻让仆从用

蜡烧火炊煮。

当石崇得知，王恺府上用赤石脂泥墙，他立刻让仆从用香料泥墙。

石崇有一个非常宠爱的歌伎，叫绿珠。在金谷园中，他专门为绿珠修了一座妆楼，华丽无比，令人叹为观止。

金谷园的问世，是作为斗富的工具。同时，他也表现了石崇对山水的兴趣。

其实，包括石崇在内，几乎所有的魏晋人，都留恋山水。这和当时的文化有关。

魏晋时期，战乱不休，古人为寻求解脱，遂放眼山水。山水不被世俗污染，不被功名浸润，不被利禄渗透，很原始，很本真，很包容，又很美。因此，古人留恋山水，崇尚山水，赋予山水一种高洁的人格，洒脱的人格。这便是魏晋风度，隐含着对人格的尊重，对自我价值的尊重。石崇虽然一身铜臭气，但他也向往名士，也特别喜欢把自己标榜为名士，所以，他也贪恋山水。

在这一层意义上，金谷园仍旧具有实用的功能。

石崇自从有了金谷园，日夜携绿珠沉浸其间，乐不思蜀。

但他没有猖狂多久。随着他的政治靠山被废，他的职务被解除了。他的政敌掌控了实权。

这位政敌，贪图绿珠的美色，强行索要。石崇不愿意，将金谷园中的美女都排列出来，让政敌挑选。但政敌还是不干，威胁马上就要围攻金谷园。

▼《金谷园》图，左为石崇，背后为堆叠的假山

石崇来到绿珠楼上，对绿珠说："我为你得罪了人。"

绿珠流泪道："我当效死。"

说完，她自投楼下，猝然而死。

石崇的政敌气急败坏，向皇上诬告，说石崇不服，正准备谋反。皇帝大惊，大怒，令人抓捕石崇及家眷，一并斩杀。

几乎就在眨眼间，石崇消失了，家产也被充公。一度繁华如梦的金谷园，也败落荒废了。

但金谷园的名字，从未黯然过，相反一直被流传。

原因是：金谷园的山水设计，极其契合地貌特征，地貌、植物、建筑结合妥当，是典型的自然主义山水园。另外，绿珠是有名的音乐家，且性情刚烈，不惧死亡，她殒命金谷园，赋予了金谷园悲凉的人文气息。

所以，一代一代，总有人吟咏金谷园，抒发感慨。

唐朝诗人杜牧写的《金谷怀古》，叹道："凄凉遗迹洛川东，浮世荣枯万古同；桃李香消金谷在，绮罗魂断玉楼空……"缱绻悠长，感人至深。

扩展阅读

砖亭有木结构的细腻，有石结构的厚重，有砖结构的整饬。它出现较晚，因为叠砖砌筑技术发展到一定水平才有了它。砖亭若以竹草覆顶，会很清雅，有山林野趣。

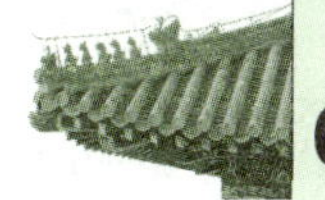

◎一个桐叶剪出的园林

叔虞的父亲，是周武王，母亲是邑姜（姜太公之女），被尊为圣母。

邑姜有孕时，一夜，梦见天帝。天帝告诉她，他要给此子取个名字，叫虞，日后将前往唐，在那里兴国。

等到分娩时，婴儿的手心里，竟然真有一个“虞”字。他就是叔虞。

叔虞还很小时，父亲周武王就病逝了。他的哥哥继位，即周成王。

周成王也是一个少年，天真无邪。有一天，叔虞与周成王嬉戏，在梧桐树下奔逐。赶逢周朝刚刚平定了唐的叛乱，周成王很高兴，就把一枚桐叶剪成圭的样子。周成王把剪过的桐叶塞给叔虞，说：“封给你了。”

一旁的史官看到了，以为周成王把唐封给了叔虞，便请周成王选择吉日，正式给叔虞封国，让叔虞到唐去。

▼雅致的园林建筑

周成王不以为然地说："玩闹之言，不可当真。"

史官严肃地提醒："天子无戏言，言则史书之，礼成之，乐歌之。"

周成王便把唐封给了叔虞。

唐，是一个古老的小国，静立在汾水、浍水流域（今山西境内），倚靠茂密深山，方圆不过百里。

叔虞来到唐后，见封国四周都是戎狄部落，戎狄之人刚被镇压，气氛还很紧张，局势还很动荡，矛盾还很尖锐，叔虞便予以安抚，鼓励生产，发展牧业，兴修水利。

封国之民见叔虞的确为他们着想，生活日渐安定，便都拥护他。很多戎狄部落，也走出深山，归附了他。唐的疆土逐渐扩大，威望逐渐增高。

后来，唐改了国号，名"晋"。

晋人继续秉承叔虞的治国传统，宽容博大，求同存异，兼收并蓄。晋国便越发昌盛了。

晋人非常感念叔虞的恩德。到了北魏时，晋国后裔为了奉祀他，在晋水的源头，兴建了祠宇，即晋祠。

就这样，周成王剪了一个桐叶，竟为叔虞剪出了一个封国，一个晋祠，一个园林。

晋祠是宗教祭祀园林，东西窄，南北长，非常庄严。

祠中有圣母殿，乃主建筑，供奉叔虞的母亲。

圣母殿气质柔丽，殿角柱上翘，上檐柱也上翘，使建筑呈欢愉之美，好像有了灵魂。这种阴柔之美，与汉朝的雄伟之美完全不同，非常奇特。

圣母殿前，有一个方形的水池，一个十字形的桥梁。水池叫鱼沼，内有小石柱，柱上有斗拱、梁枋，托着十字形桥，凌水而起，被称为飞梁。

这就是闻名天下的"鱼沼飞梁"，时至今日，是唯一的古代遗存。

在圣母殿的轴线旁，有胜瀛楼。

这座楼，很奇特。在夏至日，阳光直射北回归线，此楼的四面，都沐浴在阳光中，光华璀璨。

祠内，到处都是古树，环绕着清泉，一派野趣，一片灵动。

扩展阅读

古代的人工瀑布，是在假山上建屋宇，每逢雨天，便有水流泻而下。若遇大雨，流水蔚为壮观，俨然山涧瀑布。也有一些园林，圈入了真山真水的瀑布，更自然大气。

◎3个华林园，3种沧桑

公元337年，在元旦这天，邺城的皇宫大殿前，立起了巨型灯盏，高大如树。这“一株株”的灯盏，流光四溢，每一株，都托举着120支灯烛。

在大殿的横梁上，还盘绕着一条金龙，醇酒从龙口喷涌而出，哗哗地落到一个金樽中。这个黄金铸造的樽，十分庞大，相当于一口缸。

殿中，还立着大柱，每一根都有20多米高。柱上托着两个大铜盘，一个盘中燃烧着火焰，用以献祭；一个盘中站着20多个人，负责祈祷。

不久，大典正式开始。几百个宫女演奏音乐，几千个宫女簇拥而来，中间是穿戴华贵的皇帝。皇帝坐上龙椅后，大臣排着队鱼贯而入，一起叩拜。

就在这个隆重的时刻，突然发生了意外。火焰烧穿了大铜盘，燃油流泻出来，涌到站满人的铜盘中，20多个祈

▼亭亭玉立的小亭

祷者在惊恐中，已被烫熟了。热油还流淌出来，飞溅各处，大臣、宫女、侍卫慌忙地逃窜。

皇帝也抱头鼠窜，脱离了危险。等到他稍一稳定，立刻命人将设计庞然大物的人抓起来，拉到大街上，腰斩了。

这个皇帝，是后赵的皇帝石虎。他不是中原人，而是胡人，因此，他没有安全感，内心虚怯，担心那些中原臣民质疑他。为了强化自己的权势，也为了鼓励自己，他总是要用隆重的典礼仪式来神化自己。因此，他总是一次次地登基，一次次地要人设计大典，这才有了这次事故。

石虎不仅依靠没完没了的登基，来获得心理安慰，他还广修园林宫苑，以助威仪，缓解压力。

有一天，一个胡人和尚想要为害中原人，便在石虎面前挑拨是非。和尚说：“胡人的气数不太好，恐怕要衰竭，因为中原人气数很盛，他们想复兴晋朝，如果让中原人去服苦役，多干活，没准儿就能压下他们的气。”

石虎深信不疑，马上下令，遣60 万人，不分男女，去刨土运输，建造华林园。

大臣听了，极力谏阻，说天象显示，苍生疲敝，需要爱惜民力，不要营造什么华林园了。

石虎不仅不听，还怒火中烧，气恼地说：“管什么天象不天象，哪怕早晨建的墙，晚上坍塌了，我也无悔！”

在盛怒中，石虎逼迫更急，令人夜里也不准睡觉，也要举着烛火，劳作营造。他自己还脱下龙袍，化装成平民，钻到工地，四处窜来窜去，偷偷地勘查工程进度。

华林园有10里长，工程不算小。百姓时刻辛劳，有一天，忽遭大暴雨，水灾骤发，百姓死了10 000多人。

由于华林园内要凿水池，所以，需要引水入园。结果，城墙崩塌，有100多人被压死、活埋。

石虎生性奢靡，华林园中的楹柱，都是金银的；屋瓦墙壁，都镶嵌珠玉，漆有彩绘。

他还很贪婪，制作了“虾蟆车”，一见民间有佳树佳果便移植到华林园中。

这一时期的华林园，金碧辉煌，绿意匝地，碧烟缕缕，堪称人间仙境。

后赵灭亡后，北齐占领了邺城，也把华林园作为皇家园林。

北齐扩建了华林园，用泥土筑成了巍峨的五岳，用水汇成四江、四海，最后又汇成大海。整个水系长12.5公里，浩浩泱泱，烟气迷离。周围建筑也增加了飘逸的风格，俨然神仙居所，又被称为仙都苑。

令人瞠目结舌的是，在富丽堂皇的华林园中，竟然还专门建立了一个“贫儿村”，村中还有热闹的市肆。北齐帝王让嫔妃、宫女、太监等出宫，来到苑中扮演商人、行旅，进行交易。后宫的大小妃子们，就这样往来穿梭，一本正经地做了3天的小买卖，才被允许回宫。

▼园林中所设“曲水流觞”在魏晋南北朝时就有了，图中可见流杯沟

北齐帝王自己则扮演将军，率领太监、侍卫，嗷嗷叫喊着攻城，以此取乐。

为了更尽兴地玩乐，北齐的最后一代帝王花了不少心思，建了许多匪夷所思的设施，虽然目的龌龊、低俗，但对于园林来讲，却具有一定的开创意义。

华林园成了世之焦点。

其实，早在这个华林园之前，在洛阳还有一个华林园。那是曹魏营建的。

华林园端坐在洛阳城的中轴线之北，与皇宫一墙之隔，皇帝随时都能跑出来闲逛。

华林园中央，有一个天渊池；池中央，有一个九华台；台中央，有一个清凉殿。池内，还有一座蓬莱山；山上，还有一间仙人馆、一间钓鱼殿、一间虹霓阁，紫气飘荡，清香四溢，俨然有仙人乘虚往来。

大大小小的景观，非常之多，也非常和谐。水气尤其

◀曲水流觞，文人雅集，极尽自然之乐

丰沛，转侧之间，处处温润。引水工程当属罕见。

在天渊池的南边，皇帝还专门开凿了流杯沟。流杯沟凿好后，皇帝欢快地把大臣们都召来，团团簇簇地分坐在水沟两边；然后，在水的上游放上酒杯，任酒杯顺着水流缓缓而下；酒杯停在哪位大臣的面前，哪位大臣就要取来饮下。这便是“流觞”或“流杯”。

在园林中设置“曲水流觞”，就源于此。

百果园是一个吸引人的所在，各种果树，如春李、西王母枣、羊角枣、勾鼻桃、安石榴等，在繁花过后，便是硕果累累，芳香醉人。

除了这个华林园，在建康（今南京）还有一个华林园，也是皇家园林。

这个华林园，最早是东吴营建，它坐落于玄武湖之南，绵延最久，也最为著名。

园中有3个大门，南门与皇宫的后宫相连。嫔妃们游赏时，就从此门进出。

东门是皇帝经常进出的。里面有延贤堂，可以接见大臣。堂外，还有各种亭，各种山，各种殿，各种楼，各种观，各种台。气度非凡，华丽无比。

这个华林园，备受瞩目，几乎历代都对它另眼相待。

后世还增设了阁楼，供皇帝在此讲经、舍受，进行佛事活动。

又增设了通天观，用于观测天象；还增设了日观台，用于观测日影。著名的天文学家何承天、数学家祖冲之，都曾于此工作。

当战乱来临后，华林园饱受蹂躏。南朝陈的末代皇帝陈叔宝，心中怀痛，便对其进行修缮、扩建。

他把山、水、植物、建筑，一一结合，成为园中之园，形成了皇家园林的标准形态。

陈叔宝有个贵妃，叫张丽华。张贵妃的一握青丝，有7

尺长，如漆，闪耀；她又聪慧，敏锐，闲雅，擅歌舞，长记忆，过目不忘；陈叔宝有懵懂之事，张贵妃可点拨明白；但凡有一言、有一事，她总是先知道。陈叔宝被她迷醉，不能自拔，就连议政，都怀抱张贵妃，允许她参议。军国大事，只在她一句话间。因此，天下竟然不知有陈叔宝，只知有张贵妃。陈叔宝不知怎么宠爱张贵妃才好，当他重整华林园时，便特意为张贵妃建了临春阁、结绮阁、望仙阁。

在这三阁中，积石为山，引水为池，植以奇树，杂以花药。陈叔宝住在临春阁，让张贵妃住在结绮阁。不久，他又让另外两个妃子也搬过来，住在望仙阁。三阁间，以复道相通。

这时的华林园，成了宫的一部分。

陈叔宝还设立了店铺，自己常带着后妃逛来逛去，买些杂货。

这种世俗情韵的买卖街，对后世园林产生了巨大影响。

然而，好景不长，公元589年，隋军攻来，势如破竹。

陈叔宝对大臣们说："吾自有计。"在他说这句话之前，大臣们都静静地站着；当他说了这句话之后，大臣们立刻作鸟兽散，一大帮人转眼不见了踪影。

隋军攻入宫中，想抓住陈叔宝，不想殿中空空如也，不见人影。隋军展开搜查，找出了许多嫔妃，但其中没有张贵妃。

隋军不死心，更加细心地搜查。当几个士兵搜到一口枯井旁时，他们伏在井口大声呼喊，井中不闻声响。一个士兵说，可投石入井，看看里面是否有人。

话音刚落，井中蓦地传来求饶声。

士兵们用绳系住一个箩筐，坠入井中，复又拉上来。一看，筐里坐着3个人：陈叔宝、张贵妃，还有一个孔贵嫔。他们埋着头，紧紧地抱成一团。

顿时，士兵们开怀大笑起来。

因井口太小，箩筐被拉上来时，张贵妃的胭脂被蹭在井沿。世人便把此井称为“胭脂井”。有人不齿张贵妃等人的行为，又称此井为“耻辱井”。

在200多年间，3个华林园，各有沧桑，各有历史底蕴。就园林文化来讲，它们的造园成就，是不容忽略的。

扩展阅读

有一句宋词：“舞榭歌台，风流总被雨打风吹去。”其中的榭，是指一半基座在地面、一半架空的建筑。水榭，是指基座的一半在水面；花间隐榭，是指周围有花木。

第四章 隋唐大景观

在园林史上，经济与文化并行，物质条件与精神条件并行。如果没有雄厚的经济，就没法营建园林；如果没有深厚的文化，就没法营建有意蕴的园林。而隋唐时期，二者兼具，这使园林迎来了全盛时期。那些手工的山，手工的海，那些圈养的风景，比比皆是，浩浩泱泱。

◎遗憾的曲江

杨坚是北周的丞相，有一日，一个人突然对他说，若是没有党羽，再厉害的人，也像水中的一堵墙，随时都有危险。

杨坚猛地一惊，进而心下一动，他深以为是，开始留心收罗党羽。他觉得高颎很合适，想要把高颎拉拢过来。

杨坚的妻子，来自一个有权势的大家族。而高颎，就是那个大家族中的门客，与杨坚关系密切。另外，高颎富有才智，胆识过人，是一个文才，又是一个武将。高颎在17岁时出仕，曾拼杀沙场，立下战功，受过爵赏，是个踏实能干的人。

▲温润的水景近处

于是，杨坚找来高颎，与高颎倾心交谈，告诉高颎，北周腐败，命数将近，他将取而代之。

高颎没有犹豫，痛快地接受了杨坚的招纳。

他向杨坚表示，愿意听从差遣，即便起事不能成功，他情愿全家被杀，也无悔无怨。

杨坚大悦。

公元581年，杨坚在高颎等人的辅佐下，终于推翻北周，建立了隋朝。

杨坚成了隋文帝，任命高颎为丞相，以长安为都城。

长安，倚着曲江；曲江，则是古代园林的集大成者，是古典园林的代表。在秦朝时，就是皇家禁苑，名为宜春苑，内有离宫。

隋文帝杨坚生性多疑，又爱猜忌，还迷信风水。他看

到，长安东南高，西北低，认为风水倾向东南，威胁到了王气。他想弄个法子，压过东南的风水，可是，想不出什么法子。他很烦恼，愁闷起来。

有一个大臣得知后，提醒道，可以从曲江入手，把曲江挖成深池，隔绝于城外，可以游乐，又可免除风水的威胁。

隋文帝想了想，拿不定主意。但还是命人对曲江修了修，心里多少畅快了点儿。

此番过后，他很关注曲江。他渐渐地觉得曲江很不吉祥，江水狭窄、屈曲，极不规则，俨然一条长蛇，让他很厌恶。

他对曲江的“曲”字，也很反感，感觉是恶兆，想改名。

于是，他找来丞相高颖，让高颖起个好名字。

高颖一时也想不出。有天晚上，高颖归家，独立庭前，突然想起曲江莲花盛开，都是红莲，艳色映天。既然莲花又称芙蓉，那么，何妨叫做“芙蓉园”呢？

▼半遮半掩的红莲

高颖把这个名字报告给隋文帝，隋文帝很满意。芙蓉园自此问世了。

芙蓉园因高颖而流传千古，可是，高颖的命运却非常叵测。

隋文帝的皇后，嫉妒心极强，不能容忍隋文帝喜欢其他妃子。当她得知隋文帝留恋一个妃子后，容颜大变，怒火中烧，趁隋文帝上朝时，把这个倒霉的妃子杀死了。隋文帝下朝后，听说了此事，大发雷霆，纵身上马，不管不顾地跑出了皇宫。高颖等人见状，害怕发生危险，赶紧骑马追赶。一直在崎岖的山谷中奔跑了20多

▲隋朝园林重水，水景与水法层出不穷

里，高颖终于追上了隋文帝，抓住隋文帝的马缰，苦苦劝谏。隋文帝忿然道："我贵为天子，却不得自由！"高颖劝慰："那也不能因为一个妇人而丢了天下啊。"隋文帝听了，情绪渐渐稳定，终于返回了宫中。

此事给高颖埋下了祸根，因为他说皇后是一个妇人！

皇后深深衔恨，断绝了与高颖的往来。

此时，太子也失去了欢心，而高颖一向辅佐太子，因此，他受到牵连，也遭到了冷落。

皇后又时不时地诬陷高颖。不多久，高颖被诬陷犯有诽谤罪，被冤杀了。

行刑之日，闻者叹息连连。芙蓉园中的朵朵红莲，在风中默默摇曳，仿佛也充满了遗憾。

隋朝灭亡后，唐朝建立，芙蓉园保留下来。唐朝皇帝不像隋文帝那么矫情，觉得曲江这个名字很好，很有诗意，因此，把曲江之名昭雪了。

唐玄宗时，他还建了一条秘密暗道。

暗道是双层城墙，中央为道路。暗道从大明宫，到兴庆宫，直抵芙蓉园。非常隐秘，也非常有趣。唐玄宗秘密外出时，就带领大队人马从曲折的夹城中穿行。外面的人，能够听到行动之声，但却看不见一个人影。

唐玄宗还引入了沪水，扩大了曲江的水面。在水边，还增建了紫云楼、彩霞亭、报恩寺等。且西有杏园，东北有亭台楼阁。

在曲江芙蓉园的历史中，这是它最鼎盛的时刻。江水曲折优美，两岸楼阁逶迤，逗引来许多诗人，纷纷赋诗。

例如，韩愈就作诗说："曲江水满花千树，有底忙时不肯来。"

曲江芙蓉园虽美，但皇家并不垄断，而是将它世俗化，对外开放。无论是皇帝大臣，还是贫民走卒，都可以到这个公共园林玩乐，消磨时间。

每逢3月，烟花处处，长安都万人空巷，纷纷出门，前往曲江芙蓉园。自由自在，恣情随意，溜溜达达。

唐朝盛行佛教、道教，因此，寺院一座座崛起，使得曲江芙蓉园也有了寺观园林的影子。

每一年，当进士及第时，都要在杏园举行"杏园锡宴"。其中，有"探花宴"，就是让新及第的进士，骑着骏马，走遍整个园林，边走边折花。

如此隆重的惯例，让园林更加深入人心。

安史之乱爆发后，曲江芙蓉园在战火中被毁。一夜间，它便辉煌不再了，这真是历史的遗憾！

扩展阅读

隋朝园林重水，水景与水法，层出不穷，处处出奇。水和亭，自古密切，这使得大量的亭，一下子涌了出来。亭，就好像一个个逗点，为园林增添了活泼和生机。

◎手工的山，手工的海

隋炀帝杨广是隋朝的第二位皇帝，也是末代皇帝。他很喜爱雍容华贵的牡丹花，常与妃子同赏。

有一个下午，隋炀帝带着一个宠妃来到阁楼上，凝望牡丹。

这个妃子遗憾地说："牡丹虽好，可惜楼高花低，看不清楚，辜负了天香国色，若是牡丹能高如楼台，便更如意。"

隋炀帝一听，来了精神。他命人召集花师，栽种12株牡丹，要高齐楼台，每株花开三色。

花师们惊讶极了，不敢反驳，退出后，相互商议。

太监刘天照知道花师们为难，便想出了一个主意，让天下所有的花工们都齐聚到洛阳来，献计献策，寻个法子。

▼造园者正在雕琢假山

就这样，来自各地的花工，都上路了，涌向了洛阳。

山东曹州的花工齐鲁恒，很有想法。他琢磨来，琢磨去，竟把牡丹嫁接到了树上。

在不断的尝试中，他选用了杏树、桃树、梨树、枣树、桑树、槐树、椿树等，各两棵，都嫁接了牡丹。

长在椿树上的牡丹，快速生长，真的高齐了楼台。一句梦话般的呓语，竟变成了现实。

这个故事很有名，但一些史学家认为它并不靠谱，因为根据生物学原理，牡丹与椿树亲缘关系疏远，若是嫁接，很难成活。

不过，故事却流传甚广，而故事所发生的地点，就是皇家苑囿——西苑。

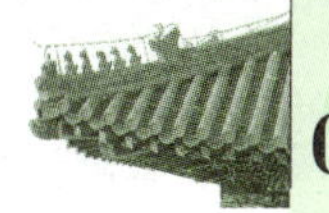

西苑是隋炀帝建造的，位于洛阳城西，周长有229里零138步。

西苑，作为一个山水园，核心就是人工水体。

苑中，凿出了5个湖。东有翠光湖，西有金明湖，南有迎阳湖，北有洁水湖，中有广明湖。

湖中，堆土成山；山上，筑有亭榭廊庑。建筑随山就势，自然、好玩。

湖北，为大片水域，称为北海；海中，有3座仙山，象征蓬莱山、瀛洲山、方丈山；山上，有通真观、习灵观、总仙观等道观，也是沧海的中心。

在人工开凿的水道中，曲水萦回流转，经过16个院落。每个院落，掩映在竹林中。它们原本独立，却被曲水连成一个整体，极其清雅，幽静。

西苑建成后，隋炀帝专门派出10个大臣，让他们深入民间，寻找美丽女子。大臣们选出了1 000多个美女。隋炀帝又从中挑出16个，封为四品夫人，搬到16个院落中。每个院落，都配有20名宫女，随时准备迎接皇帝。

西苑内，手工的山，灵妙精巧；手工的海，有聚有散。既灵动，又奢华。

在园林史上，西苑是一个转折点。它改变了以往的建筑宫苑风格，转向了山水宫苑的风格，形成了独特的园林。后世称其为“隋山水建筑宫苑”。

▲大有学问的叠石为山

▲手工叠山不仅需要力气，更需要才智

扩展阅读

唐朝有一个最负盛名的私家园林，它就是樱桃园，由裴谌营建，位于青园桥东。园内，“楼阁重复，花木鲜秀，似非人境；烟翠葱茏，景色妍媚，不可形状”。

◎泱泱长安，园林自成

小雪之日，诗人王昌龄、高适、王之涣三人闲居，相约到酒楼痛饮、赏雪。

酒楼里很热闹，梨园的几十个乐伎，正在举行宴会。至高潮时，有4个乐伎出来歌唱。

唐朝时的歌曲，大都是一些诗词，配以乐曲后，便可演唱了。王昌龄、高适、王之涣的诗作，都是时髦的歌词。因此，高适提议，既然他们都是诗坛巨子，但从未有过名次、分过高下，现在要依乐伎所唱，谁的诗被唱得多，谁就排行靠前。

▼曲折的回廊

王昌龄和王之涣当即同意。

第一个乐伎唱的是——“寒雨连江夜入吴，平明送客楚山孤。洛阳亲友如相问，一片冰心在玉壶。”

这是王昌龄写的《芙蓉楼送辛渐》，他赶忙在墙上做了个记号。

第二个乐伎唱的是——“开箧泪沾臆，见君前日书。夜台何寂寞，犹是子云居。”

这是高适写的《哭单父梁九少府》，他也马上在墙上为自己画了个记号。

第三个乐伎继续演唱，唱的还是王昌龄的诗。

王昌龄很自得，开心地在墙上又画一道，说，我的有两首了。

王之涣有些着急，说：“这几个乐伎都不怎么出名，唱的诗都一般，待会

儿听那个长得最美的乐伎唱，肯定是我的诗，若不是，我此生不再和你们比诗！”

过了会儿，那个美貌的乐伎开唱了。她唱的是——“黄河远上白云间，一片孤城万仞山。羌笛何须怨杨柳，春风不度玉门关。”

三个人一听，大笑起来，此诗正是王之涣写的《出塞》。

乐伎们分外纳闷，上前细问，这才得知他们就是名闻天下的诗人，便同贺起来。

这件意趣盎然的事儿，发生在长安，被记录到史书上。

长安是唐朝的都城，也是一个特殊的园林。

作为唐朝的中心，长安最为繁华。在长安西市，有许多外国商人，进行国际贸易；长安东市，更多中原土著，茶楼、酒肆、商铺临街而立，熙熙攘攘。

长安城市布局，宏伟壮阔，总面积有84平方公里，是汉朝长安城的2.4倍，是明清北京城的1.4倍。在当时的世界上，长安是最大的城市，没有之一。

▲静谧的长廊

如此庞大的都城，使西市、东市不足以满足需求。因此，在居民区，在坊里，也冒出了作坊、商铺。由此，市和坊的区分，被打乱了。

在皇城的东西两侧，有4排坊，一共13个。

为什么要设4排坊呢？

答案是，以此象征一年中的四季。

为什么要设13个坊呢？

答案是，以此象征一年中的12个月和1个闰月；另外，古人崇信13，认为13是吉祥的数字。

坊，都是高墙围筑的，有坊门，供出入。坊内，有东横街、西横街，宽15米左右；还有十字街，宽2米左右。这些小小的十字街，将坊分割，分成16个小块，通往各家各户。

这种网格状，使长安城好像一个棋盘格。白居易赞叹道："百千家似围棋局，十二街如种菜畦。"人行其间，俨若行棋。

坊间，显现了深厚的园林围墙文化。

坊，建在长安城的城墙内；坊，有一重高墙；高墙内，是民宅；每个宅邸，又有院子围墙。如此一来，每一人家，至少要有3重围墙：城墙、坊墙、宅院墙。而在院墙之内，又常有多重院门墙。

▲宏伟壮观的古代园林建筑

这些墙，可防御，可观赏。它们让长安平添了几许壮丽，几许严肃，让自然式的园林风景，平添了几许别致，几许光彩。

长安城内，有6条主干道，三横三纵。坊，在主干道内，是矩形的，规规矩矩。这种模式，构成了一个奇特的矩形交通网。

道路壮观极了，有一条东西大街，宽达55米；其余的更甚，竟然宽达100米以上。而中轴线的朱雀大街，竟然宽达155米，是今天北京长安街的两倍！

道路两侧，设有排水沟，植有槐树、榆树，绿色蓊郁，十分环保，深远地影响了后世。以后的都城，都以它为典范。

▲廊，可划分园林空间

唐朝中期时，长安城有了夜市。

起先，朝廷担心混乱，下令"夜市宜令禁断"。不过，这种命令，并不绝对，而是带着商量的口气，是劝阻的意思、观望的意思，隐含着一丝默许。有一个官员在长安巡夜时，进入坊，看到坊间有人集会，从事小买卖，还搞庆典。他不但不去禁止，反而停下来，聚精会神地看热闹。有居民请他喝一杯酒，这个可爱的官员立刻下了

▲倾斜的爬山廊

马，欢喜地加入了。

随着工商业实力的上升，里坊制度受到了挑战。有人开始拆墙了。

坊的墙，坊内的墙，都被拆开了，生意更加兴隆了。

封闭式的旧长安，军事化的旧长安，至此，完成了历史使命，让位于开放的新长安、新都会。

新的长安城，吸引了中原以外的人，吸引了海外的人，几乎在一夜间，就有了100多万的人口。

来到长安的外国使节，来自欧洲、亚洲、非洲等几十个国家和地区；在大明宫内的麟德殿，先后宴请过70多个国家的客人；在长安城长期居住的外国人，有10 000多人。

长安容纳了外来文化，也渗透了外来文化。

在大明宫的凉殿中，殿的四角有水飞泻，可形成水帘，使殿内清凉；在京兆尹王刊的府邸中，有一个“自雨亭”，夏天，雨水会从屋檐上流往四处，栖身亭中，会感觉清凉。

而这种应用了水法的建筑，就是罗马人带来的。它使长安城的园林特征更为浓郁了。

扩展阅读

意境美是园林的魅力所在。王昌龄有“三境”之说：物境、情境、意境。即：由客观的“物境”进入主观的“情境”，再创造出理想的“意境”，侧重心灵的感染。

◎三大内苑的悲欢史

李建成是唐高祖的长子，被立为太子。李建成性情怠惰，松缓弛懈，嗜好酒色，沉迷打猎。唐高祖渐渐有些后悔了。随着次子李世民的功勋日增，唐高祖打算废掉李建成，让李世民成为太子。

李建成觉察到了，内心不安。他开始盘结势力，暗结后宫，处心积虑地排挤李世民。李世民遭到猜忌，被逐渐疏远冷落了。

李世民存身困难，心怀愤恨，决定诛杀李建成。

公元626年，在盛夏7月，李世民率人在玄武门埋下了伏兵。

李建成不知底细，与兄弟李元吉一同入朝，骑着马向玄武门走去。

来到临湖殿时，李建成与李元吉蓦地有所察觉，感觉气氛肃然，马上掉转马头，飞速东返。

▲大明宫出土的龙首建筑构件

李世民见状，怕他们走掉，急忙从藏身处出来，呼唤他们。

李元吉心虚，事先张弓搭箭，射向李世民。可是，他过于慌张，一连几次都没把弓拉满，箭跑到一边去了。李世民不再犹豫，镇定地把箭射向李建成，一下便将李建成射死了。

李世民的一个部下，骑马飞奔过来，一箭射中了李元吉。李元吉落马躲避。

李世民的坐骑受到惊吓，狂野地飞奔，闯入了玄武门旁的小树林。嶙峋的树枝，把李世民刮扯住，他被拉下马，狠狠地跌到地上，动弹不得。

李元吉骑马冲过来，箭已经没了，他想用弓把挣扎着的李世民勒死。

在这千钧一发的时刻，李世民的部下尉迟恭跃马而来，直击李元吉。李元吉放开李世民，向武德殿跑去，准备寻求皇帝的庇护。但尉迟恭动作极快，急忙追赶，边追边射箭，把李元吉射死了。

李建成的部下闻讯，惊怒不已，来到玄武门，准备报仇。把守玄武门的士兵奋力迎战，双方胶着了很长时间，又是擂鼓，又是呐喊，最终，李世民的将士获胜了。

这就是著名的玄武门政变。李世民由此取代了太子之位。玄武门自此成为一个标志性的政变符号。

玄武门是皇家园林的一部分，是太极宫的北门，而太极宫便是宫苑园林。

太极宫内，布局讲究，是古代宫室建筑的“翻版”，主体建筑“前朝后寝”，分为“前朝”和“内廷”。内廷，就是后寝，为皇帝嫔妃的生活区，有两仪殿、甘露殿等，有山水池、四海池。

在整体布局上，太极宫与整个长安城保持一致。

李世民就是在太极殿上，被授予了皇帝位，是为唐太宗。

唐太宗开创了贞观之治，唐朝繁荣无比，疆域扩大，贸易发达。在这个基础上，宫室建筑得到发展，山居、园池受到影响，宫苑和游乐胜地陡然兴盛。

▼繁丽的大明宫模拟图

由于国势强盛，唐太宗李世民大兴土木，营造了大明宫。

大明宫建于太极宫的东北。起初，大明宫作为皇家苑囿，只是个避暑之处。唐太宗驾崩后，其子李治登基，乃唐高宗，开始扩建大明宫，并搬入，在此处理朝政。

▲大明宫出土的动物纹建筑构件

此后的唐朝皇帝，便都以大明宫为主要宫殿。

大明宫峭然在一块高地之上，俯瞰长安城，有君临天下之势。而且，凝望坊市巷陌，就如在门槛之内，整个都城的动静都能监察到，有利于军事防守。

大明宫是一个不规则的长方形，东西长1.5公里，南北长2.5公里，前宫后苑式。南为宫廷区，北为苑林区。

苑林区，就是大内御苑，是一池三山的园林构筑。内有蓬莱岛，岛上有亭，为太液亭。太液亭很有名，皇帝在此处宴请大学士，召见大臣。

在太液池南边，是重重宫殿，包括麟德殿。麟德殿共有11座城门，周长7.6公里，庞大宽阔，是明清北京故宫太和殿的3倍。

大明宫中，还有一个特殊的亭子。唐朝经常举行马球比赛，亭子就成了观看比赛的地方；当马球运动员们休息时，也到亭子里来。

这意味着，唐朝的园林，已经出现了体育设施。而此前的早期园林，苑中有的是弋钓。

可是，唐高宗并不快意。他穿行在大明宫中，郁闷、压抑。武皇后（武则天）果断干练，让他有受制的感觉。他宠幸了武皇后的外甥女，武皇后发觉后，下毒杀死了这个少女，这让他痛不欲生，想要废掉武皇后。

这一天，唐高宗把上官仪召入大明宫，让上官仪拟废后诏书。

上官仪是上官婉儿的祖父，时任西台侍郎，执掌文墨，位高权重，举足轻重。唐高宗非常信任他。上官仪听了唐高宗的指示，深觉事关重大，苦口婆心地劝说。

唐高宗在气头上，压根不听。

上官仪知道，他若写下废后诏书，就会遭到武皇后的暗算；可是，他若不写，就是违背圣旨，也要遭到惩罚。他自觉大难临头，却毫无办法，只好写道："皇后专恣，海内失望，宜废之以顺人心。"

武皇后的密探立刻把信息传到了后宫，武皇后气势汹汹赶来，逼问唐高宗。

唐高宗吓得不轻，身体颤抖，立刻指着上官仪，推卸责任，说："这不是朕的意思，是他叫朕这样做的。"

上官仪早有所料，他只能一言不发，视死如归。

武皇后自然也清楚，上官仪是受迫而为，本身无辜。然而，皇帝毕竟是皇帝，她无法惩罚皇帝，只能由一个人代替皇帝受罚，而这个人只能是上官仪。另外，上官仪是闻名天下的人物，杀掉他，还可以巩固她的威势。

于是，几日后，武皇后给上官仪安插了一个密谋造反的罪名，把上官仪捕入大牢。上官仪无声地死在了狱中。

唐高宗骇然，再也不敢挑战武皇后的尊位。到武皇后67岁时，她终于夺取政权，成为女皇帝，主宰大明宫。

武则天82岁时，长逝于大明宫。在她驾崩后7年，唐玄宗李隆基掌控了政权，兴庆宫成为了这一时期的"主角"。

与大明宫相反，兴庆宫之北，是宫廷区，之南，是苑林区，体现一种从属关系。

苑林区比宫廷区大。苑中心，是一个龙池，水占总苑的一半，像个椭圆形的巨大镜子。

苑的东北角，有沉香亭，开满了牡丹，红色，紫色，淡红色，粉白色，色色迷人，引人沉醉；苑的南边，有勤政务本楼、花萼相辉楼。两楼之间，是一片柳林，微微摇曳，烟气蒸腾，十分奇特。

唐玄宗常带着杨贵妃，在此观赏乐舞。唐玄宗还为杨贵妃吹笛，杨贵妃感动得一拜再拜。

不幸的是，安史之乱爆发了。叛军攻入长安，唐玄宗带着杨贵妃向川蜀逃难。途中，至马嵬驿，将士们饥渴难当，极度疲惫。他们越想越气，觉得颠沛流离、亡命天涯全都是杨贵妃造成的，因为若不是杨贵妃，她的哥哥就不会担任丞相，她的哥哥若不担任丞相，就不会误国害民、腐败堕落，不会引发叛乱。

这样一想，将士们一拥而上，扑向杨贵妃的哥哥，将其砍杀。

之后，他们包围了唐玄宗的营帐，激动地吵嚷。

▲大明宫模拟图局部

唐玄宗震惊不已，扶着拐杖，走到门前，要将士们回营睡觉。

没人回去，群情激奋。唐玄宗讶然，问为什么不散。

一个将领回答，贵妃不能留下。

唐玄宗低头不语。半天，他说，贵妃深居后宫，不知其兄罪过。

将士们不能平息，一步不退。

情势紧急，一个太监劝唐玄宗，贵妃是无错，但其兄已被杀，若留着贵妃，将士们如何安心。

唐玄宗心如刀绞，但面对围兵，只能狠下心，让人把杨贵妃带走勒死。

将士们这才撤退，各自回营。

唐玄宗总算逃到川蜀去了。太子李亨留下来，主持朝政。

不久，李亨擅自登基，当了皇帝，是为唐肃宗。唐玄宗无奈，被动地成为了太上皇。

当叛乱被镇压后，太上皇从川蜀出来，回到长安。唐肃宗摆出隆重的仪仗迎接。在公众面前，唐肃宗极尽礼数，又是拜谒，又是匍匐而行，还抱着太上皇的腿，捧着太上皇的脚，痛哭流涕，声音颤抖。接着，他又亲自牵着马，送太上皇回到兴庆宫。

可是，一等太上皇离开了公众视线，唐肃宗立刻翻了脸。他害怕太上皇会复位，那样他就当不了皇帝了，于是，他开始严密监视太上皇，使兴庆宫这座园林，成为了眼线频繁出没的地方。

此前，太上皇和杨贵妃长期居住在兴庆宫，所以，兴庆宫虽然比大明宫小，但最为富丽，园林氛围也最是浓郁。可是，现在，兴庆宫在战乱中遭到了破坏，显现出了衰落、荒凉的色彩。

太上皇又怀念杨贵妃，看到兴庆宫今非昔比，不禁内心凄凉。

太上皇被隔绝了，唐肃宗很少去拜见，去嘘寒问暖。有一日，太上皇亲自前往大明宫，想要与唐肃宗说话。唐肃宗也不见，说病了。

太上皇黯然失落，骑着马往兴庆宫返回。没走多远，忽然，唐肃宗的心腹太监冒出来，带着百多个骑兵，阵势森然。那个太监二话不说，直接砍杀了太上皇的一个随从，夺下太上皇的马缰，太上皇惊得差点儿堕马。

太监板着面孔，生硬地说："陛下迎请太上皇迁居太极宫。"

也就是说，兴庆宫也不准住了，要把太上皇软禁到太极宫。

此时的太极宫，已从辉煌的皇家苑囿，变成了荒芜萧条的废弃园林。庭院深深，草木森森，残阳暮色，分外凄哀。

太上皇被幽禁到园林深处后，每日只"看扫除庭院芟草木"，孤独寂寥，再无生趣，抑郁朝夕。

偶尔，唐肃宗会出于礼制，供奉太上皇一些食物。太上皇默然，不吃。

他心境索然，不愿意吃；他思念杨贵妃，无心去吃；他也是刻意不吃，以拒食来表示抗议；他也不敢吃，他担心儿子在食物中施放毒药，谋他性命。

在日夜忧郁中，在对杨贵妃的思念中，唐玄宗静静地死去了。兴庆宫从此更加荒芜了。

唐朝末期，太极宫、大明宫也都遭到毁损。

一段漫长的悲欢史，随着这三大内苑的消隐，走向了终结。

扩展阅读

汉朝所说的“苑”，就是先秦的“囿”。秦汉苑囿崇尚“空、大”，唐朝相对灵活。唐朝苑囿称“禁苑”，非侍卫通籍之臣不能随便进入；禁苑还有守护宫城的作用。

◎“皇家浴室”里的“汤”

有一个著名的宫殿，与洗澡有关系，它就是华清宫。

在西安，在骊山，古人发现，山间峰岭中的水，是温乎的，冒着白色的热气。这个发现不胫而走，在寒冬腊月、大雪纷飞的时候，这里人潮如涌。皇帝也风闻了，兴奋得不得了，马上垄断了骊山，在此建行宫，修洗浴温泉。

秦朝时，“骊山汤”就很火爆了，皇帝非常眷恋。

到了汉朝，皇帝们把洗澡这件事又提高到了一个层次，把行宫修得富丽堂皇的。

隋朝皇帝更上心，还建了厅堂，植了古树，景致美不胜收。

唐朝财大气粗，又把行宫也扩建了，正式命名为“华清宫”。

华清宫，就是长安城的克隆版，方方整整。内设宫廷区，相当于长安城内的皇宫；北设苑林区，相当于长安城

▼气势恢宏的皇家园林模拟图

内的内苑。如是，便呈现出南宫北苑的格局。

宫内建筑也仿佛在“排队”，分别“站立”在3条轴线上。

在东路的轴线上，有瑶光楼，有飞霜殿，皇帝每次驾临，都在此安寝。

唐玄宗极爱此处，每一年的10月，天气开始寒凉时，他就携杨贵妃来到飞霜殿。

冬天，骊山漫天雪飞，有时大雪封山。然而，无论何其严寒，飞霜殿都很温暖。这是因为，飞霜殿的地下温泉，使地表温度很高，热气上升后，能化雪为霜。另外，匠人们还把温泉水引入墙内，让水循环，制成古代暖气。即便外面雪花繁密，寒风凛冽，殿内也温暖如春。

杨贵妃沐浴处，更是和煦，温暖。

匠人们专门为杨贵妃修筑了“海棠汤”，即专用汤池，形状好像怒放的海棠花。在池底，铺上了青石板。无论池底，还是池壁，都有防渗水的土层。

由于温泉的水温很高，杨贵妃又很丰腴，每次出浴，都极尽娇弱，惹人怜爱。

正如白居易在《长恨歌》中描述的:“春寒赐浴华清池，温泉水滑洗凝脂。侍儿扶起娇无力，始是新承恩泽时。”

唐玄宗也有独立的沐浴处，也是在华清宫的南边，叫做“莲花汤”。

莲花汤虽然是个浴室，但却豪华，阔气，庄严，占地400平方米。唐玄宗入水后，可浴，可泳，一派唯我独尊的架势。在池底，匠人还设了两个30厘米的进水口，装饰成2朵莲花，并蒂之花，并蒂喷头，向外射水。

为什么要装饰并蒂石莲花呢?

为的是，象征着唐玄宗与杨贵妃的爱情。

二人在华清宫消遣2个月后，等到年底时，双双返回长安。华清宫因此又被称为“冬宫”，好像是专门为这对有情人过冬用的。

在华清宫，并不只有这两个浴室，还有“少阳汤”、“太子汤”、“尚食汤”、“宜春汤”等汤池，分别给太子、重臣等沐浴、疗疾。

在华清宫的东北角，还有一座楼。名字别有诗意，叫“观风楼”。每逢元旦大朝会，观风楼都热闹非凡。

从园林的角度看，华清宫秉承了奢靡之风。不过，与汉朝的皇家苑囿截然不同。汉朝园林，柱壁都有雕镂，都有桐漆，禽兽众多，而华清宫并不是这样。华清宫山水情趣浓厚，闪烁着魏晋风格的山水情怀。

扩展阅读

湖园是唐朝的私家园林。它很特殊，不幽邃，少苍古，只追求大。它有一个惊人的大湖。湖中有一个大洲，名百花洲。洲上花木葱茏，掩映着厅堂，一派辽阔。

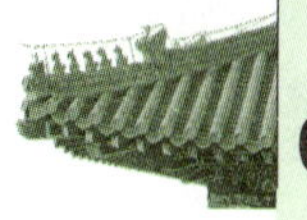

◎“圈养”的风景

王维是个天才诗人。他在少年时，就名闻天下了。

年轻时，王维思想积极，想要在政坛上有所作为，成就一番大事业。然而，政局变化，动荡无常，让他难以施展抱负。他逐渐消沉了，开始吃斋念佛，修养心性。因他特别笃信佛教，他又被称为“诗佛”。

等到王维40多岁时，他到京城任职，便在南蓝田山麓修建了一座别墅，以静身心。

这便是辋川别业，一座著名的私家园林。

辋川别业青山绿影，湖水荡漾，美得入诗。

王维自己形容道：“轻舸迎上客，悠悠湖上来，当轩对樽酒，四面芙蓉开”、“分行皆绮树，倒影入清漪”、“飒飒秋雨中，浅浅石榴泻，跳波自相溅，白鹭惊复下”……

▲辋川别业石刻

他没有使用人工开凿山水，而是把山水“圈养起来”，几乎没有斧凿的痕迹；山貌、水态、林姿、馆形、屋体，和谐生动，俨然一幅画。

▲辋川别业真迹刻石

宅居、亭馆，是需要人工建造的。但王维没有突兀而为，而是依势而建，以峻岭为依托，或纵横，或交错，点点染染，活泼可爱。

他把自己对美的认识，对美的感受，都融了进去；还把他对佛的感悟，对禅的理解，也都融了进去。

这样一来，辋川别业变得清净而淡雅，超凡而脱俗，清丽而自然。

王维在辋川别业的日子，是很自在的，堪称幸福。

然而，不幸的是，人生到了暮年，意外却发生了。安史之乱爆发了。

在战乱中，他被叛军抓住。叛军胁迫他出任官职，他没有办法，只能接受了。

他并不情愿归附叛军，苦闷痛苦。有一日，他想到皇帝在叛军的逼迫下，正在逃难，心中忧愁不已。他难以排遣，便写下了思慕皇帝的诗。

一段时间后，战乱平息了，皇帝终于从藏身处出来了，回到了京城。王维却没有好日子过了。朝廷把他抓起来，严厉地审讯他，问他为什么要投效叛军。

根据法令，投效叛军一律斩首。

▲室内竹林，堪称“圈养”的植物

但因为他名气太大，加之他又写过思慕天子的诗，再加上，他的弟弟是刑部侍郎，百般求情，他总算没有被治罪。

此番波澜过后，王维感慨万端，入世思想更加淡漠，出世思想更加强烈。为了远离尘俗，他更加留恋辋川别业了。

每日，他在辋川别业，都要静静焚香，独自枯坐，默默诵经。

他虽未出家，但却过上了僧侣的生活。衣冠朴素，粗茶淡饭，谈禅为乐。

他住在辋川别业的“孟城坳”里。这个宅子，陷在深深的山坳中，四周有墙，看起来俨如城堡。室内，空空荡荡，别无所有，只有茶杯、药坛、经案、绳床，简朴至极。

孟城坳的背后，是华子冈，很高峻，松林成片，还有几间悬山的草屋。王维经常与好友在夜里上山，瞭望清寂的夜景。“落日松风起”，“山翠拂人衣”，说的就是此处。

在华子岗附近，有个文杏馆，草铺屋顶，简陋古朴。

王维也经常独处在这里，他写诗道："文杏裁为梁，香茅结为宇。不知栋里云，去作人间雨。"

在一旁的"木兰柴"里，生长着许多木兰。初春时，高大的花树上，开出比拳头还大的白色花朵，丰满壮硕，美得惊人。

时不时地，还从"鹿柴"里传来呦呦鹿鸣。这些野鹿，格外活泼，生趣盎然。

有一面山谷，开满了茱萸。"结实红且绿，复如花更开"，奇异而壮观。

从茱萸丛里穿过去，可通往白石滩。沿着那些白色的石头，可以走入湖中。王维很喜欢这里，留下了"清浅白石滩，绿蒲向堪把"的诗句。

漫步白石滩，小憩竹里馆。

王维常在月夜来到竹里馆。竹里馆幽竹环绕，清风萧萧。王维一个人坐在月光下，静静地弹琴。有时，他会喊几声，声音消散在密林中，无人知道。

这是多么奇特的时刻呢。

王维写道："独坐幽篁里，弹琴复长啸。深林人不知，明月来相照。"

辋川别业不仅让王维有了寄托，还让他有了生活保障。在竹里馆一侧，有个椒园，出产花椒；还有辛夷坞，微香的花蕾可入药，治疗风寒、头痛。

若无辋川别业，或许王维就很难生活得如此洒脱了。

扩展阅读

建筑是一种园林语言，少了它，园林就不成句。早期园林，只有少数的台，用于祭祀或远眺。后来，建筑繁多，有小亭、水榭、石桥、楼阁、长廊、轩、画舫等。

◎千古一草堂

浣花溪草堂是大诗人杜甫的流寓之所。

杜甫为何流寓呢?

杜甫小时候简直就是一个神童，他7岁时，就能作诗，所谓“开口咏凤凰”。

15岁时，杜甫非常顽皮，健壮得像一头小黄牛犊，每天都精力充沛地走来走去。庭前，有梨树，有枣树，8月时，果子成熟，杜甫“一日上树能千回”，爬上爬下，揪梨摘枣，忙活得不亦乐乎。

青年时，杜甫到长安去应试。他很倒霉，遇到了丞相控制考场，而这个丞相心术不正，让参加考试的士子全都落了选。

▼杜甫一生饱经沧桑，图为《杜甫图轴》

此后的10年间，杜甫走投无路，四处奔走，艰难谋生。

他郁郁不得志，生活极度贫困，困居长安，不得舒展。

到了44岁时，杜甫终于被授予了一个小官，担任右卫率府兵曹参军。他的具体工作是：看守兵甲、器杖，管理门禁的锁头、钥匙。

这是一个与他所学不符的工作，但杜甫迫于生计，无奈地接受了。

俸禄极其微薄，到了11月，杜甫回家去，一入门就听到凄凉的哭声。原来，他最小的儿子被活活饿死了。

不久，安史之乱爆发，长安陷入一片混乱与硝烟之中。杜甫一个人北上，投奔朝廷的官军。途中，危险重重，叛军出没，杜甫不幸被抓捕。

◀草堂是古代园林的一部分，图为深山里的草堂

叛军将杜甫与王维关押在一起。杜甫的官职，比王维的官职小，所以，对杜甫的看管不太严。

杜甫能够得到一些外面的消息。当他得知朝廷军队屡屡战败后，痛心不已，极度忧虑，写下了流传千古的诗篇《春望》："国破山河在，城春草木深。感时花溅泪，恨别鸟惊心……"

一日，叛军警戒放松，杜甫冒险逃了出来。

他穿过鲜血横流的战区，穿过对峙的两军，费尽千辛万苦，总算找到了朝廷官军。朝廷大为感动，授予他左拾遗之职。

可是，仕途依旧坎坷。杜甫坦荡，真诚，说话直来直去，这让他得罪了一些权贵。不久，他就被贬到了华州。

杜甫苦闷不堪，烦恼无尽。可是，他总是能忽略个人的不幸，而时刻关心国家的命运。忧国忧民让他充满了沧桑。

在任职期间，杜甫越来越深刻地感受到了时政的污浊。他渐渐地失望了，渐渐心灰意冷了。

最终，他放弃了职务，开始了流寓生涯。

几经漂泊，他来到了成都。在朋友帮助下，他在浣花溪畔，建了一座草堂。

这就是浣花草堂。

浣花草堂名字美得醉人，而草堂内，却极其简陋，只有茅屋草房。

杜甫在此生活了3年零9个月。在贫寒中，他写下了240首诗，有一首诗歌专门描述浣花草堂，即《茅屋为秋风所破歌》："八月秋高风怒号，卷我屋上三重茅……安得广厦千万间，大庇天下寒士俱欢颜，风雨不动安如山！呜呼！何时眼前突兀见此屋，吾庐独破受冻死亦足！"

杜甫离开浣花草堂后，又流离到江陵、衡阳一带。

公元770年，杜甫病重，在衡阳湘江的一只小船中，在萧瑟的风中，永别了人世。

在杜甫去世后，浣花草堂就迅速地变了模样，不仅荒草蔓延，而且，茅屋也都成了废墟。

浣花草堂虽然简陋、穷寒，只有野草、野花、野树、野河。但是，它却是一个富有深厚文化意义的园林，具有重大价值。

五代时，诗人韦庄到浣花溪游览，无意间发现了浣花草堂遗址。他又感动，又惊喜，在遗址上盖了一个草屋。

浣花草堂就这样被保存了下来。此后，宋朝、元朝、明朝、清朝，都保护着这个草堂，使它成为了园林史上一个千古景观。

扩展阅读

很少有以山石为中心的园林，但山石仍很重要，不可或缺。小园林中，若没有好的水源，石便是主角，就需要叠石。叠石要了解石的特性、形状、纹理、色彩等。

◎隐士们的乐土

白居易这个名字，不仅在中国耳熟能详，在日本，在朝鲜，都如雷贯耳，影响巨大。白居易的诗词成就，与他小时候的刻苦努力分不开。

还在幼年时，白居易就眷恋书卷，日夜诵读，读得嘴巴都生了疮；他时刻手不释卷，结果，手都被磨出了茧。

当他年纪尚轻时，他因过于刻苦，头发竟然都白了。

白居易29岁时，考中了进士，任盩厔县（今西安周至县）尉。

他很正直，面对黑暗现实，写下了许多讽喻诗。这使权贵们尤其憎恨他，咬牙切齿，扼腕变色。他也处于风口浪尖上，饱受谗陷。

▲丝绢编织成的白居易像

当他44岁时，朝中发生了一件大事。

有一日上朝时，天蒙蒙亮，万籁俱寂，丞相、御史中丞各自从家中出来，走到皇宫附近时，在一条窄巷里，突然遭到了袭击。丞相鲜血直流，很快就死了。御史中丞滚落到沟里，凶手以为已死，便扬长而去。御史中丞侥幸捡回一条性命，但身受重伤，血肉模糊。面对如此重大事件，负责侦缉此事的权贵，却漠然置之。白居易十分气愤，忿然上疏，请求皇帝严缉凶手，以正法纪。

权贵们恼羞成怒，极力排挤白居易。他们轮番向皇帝进言，诬陷白居易品行不端，乃不良之人。有人还煞有介事地说，白居易的母亲在赏花时，失足落井，被水淹死，而白居易却写赏花的诗，写关于井的诗，这是有伤孝道，这样的人，是不配治理郡县的！

皇帝听了，很不高兴，把白居易贬为江州司马。

此事沉重地打击了白居易，他感觉极为心寒。

在江州，他望着苍山碧水，想着前尘往事，早年的佛道思想滋长了起来。

45岁时，他前往庐山消遣。他信步而行，来到东林寺、西林寺之间的香炉峰，这时，他被眼前的云水深深吸引了，长久不舍得离去。

他流连不已，想在此处建立草堂。

白居易生活的时代，儒、释、道三家并行，宗教思想、哲学思想并存。山水隐逸观仍在流行。文人在探索艺术的道路上，热衷于叠山理水，营建山水之居，以寄托避世、出世的思想。这也是白居易想建庐山草堂的一个原因。

庐山草堂有2万多平方米，是一处有草香、有禅意的私家园林。

草堂内，朴素到了极致，“三间两柱，二室四牖……木斫而已”。而且，多数房屋，都很小，都是茅草覆顶，以一个“草”字贯穿整个园林，简单极了，精练极了。

室内，也力求简朴、实用，只有4张木榻、2张素屏、1张漆琴、2~3卷儒道佛书。世俗气淡淡，书卷气浓浓，恰合白居易的形象。

▶庐山草堂小影

无论是厅，还是堂，都是就地取材，一切从简，不加装饰，彻底融入了自然。

由于选址恰当，庐山美景被“借”到草堂中。

草堂相地而筑，依山构景，但并不把景色圈入园中，而是让草堂“镶嵌”在自然中，无论是山花野草，古松翠柏，还是悬崖瀑布，水塘奇石，都为草堂所用。

山林间，有天然瀑布。入夜，水声最美，如琴，如环佩。静卧草堂中，俨然浮在声音之上。

山竹野花间，有水塘。塘中，有白莲，有白鱼，美得异样。

“云水泉石，胜绝第一”——庐山草堂之所以如此之美，就是因为它巧用了“借景”等造园手法。

白居易仕途不顺，遭受重击，他依靠佛学支撑自己，虽然依然伤感，但仍能尽力保持平静。他把这种佛教思想渗透到了草堂中，使得草堂有清逸之风、豁朗之气。

在这个时期，私家园林具有两个文化特质。一是炫耀权势，彰显功名利禄；二是崇尚自然，向往道家文化，追求“逍遥游”。

白居易是自然主义者，他建的庐山草堂，含有隐居意识。不过，他生于唐朝，精神中仍旧渗透着唐朝的积极向上、平稳静谧之风。

庐山草堂修建完成后，白居易极度喜爱，流连忘返。

白居易的庐山草堂，与杜甫的浣花草堂不同。浣花草堂饱含着凄凉的成分，而庐山草堂却是隐士们的乐土。

杜甫经济困难，无钱沽酒。而白居易经济状况很好，有家酿美酒，喝酒时，还有丝竹乐舞。白居易常与诗客名流聚集在庐山草堂，开怀痛饮。

他们会到水上泛舟。船只荡漾，船旁吊着100多个囊，囊中装着美酒、佳肴。船恣意而行，行到芦苇荡，行到荷藕间，行到碧云下，想要畅饮时，就顺手把囊拉起来。吃喝完一只囊后，再拉起另一只，直至醉饱而已。此间乐趣，人间罕见。

有时，白居易也独自一个人徜徉山间。他在车上放一琴、一枕，车两边悬两只酒壶。他弹弹唱唱，饮饮醉醉，兴尽而返。

白居易一生，共做了2 800首诗，其中，关于饮酒的诗有800首。这里面，饱含着庐山草堂的功劳。

扩展阅读

当园林很小时，可采用贴壁山的叠山方式。即，在墙中嵌入壁岩。可以嵌在墙内，也可以贴墙而嵌，远望之，有如浮雕。此法适合白墙，看起来更有视觉冲击力。

悠远的宋辽金元园林

宋辽金元之前，古典园林还倾向于摹写单纯的山水形式；宋辽金元之后，则倾向于凸显园林的气质、神韵，感受自然情趣。这意味着，悠远的山水园林迎来了全盛时期。由于宋朝重文轻武，推崇写意山水画，雅致的文人园林迅速席卷全国。皇家园林反倒向私家园林学习了。

◎“活”了的植物学

小时候的沈括，凡事都爱琢磨，都爱刨根问底，满脑子都是稀奇古怪的问题。

有一年4月，春风袭来，桃花绽放。沈括对植物很感兴趣，饶有兴趣地观看。

这时，他想起了白居易的一句诗：“人间四月芳菲尽，山寺桃花始盛开。”他的脑海中，又油然升起了一个问题：为什么山下的桃花都过了花期，山上的桃花才开放呢？莫非白居易观察马虎，不识物候，弄错了？

为了核实这个观点，沈括攀爬上山，实地勘察。

他发现，在地势高的地方，温度较低；山上的桃花之所以盛开较晚，就是因为温度低；白居易的观察很仔细，并没有丝毫错误。

▼菊花、梅花、兰花等，也是文人园林的首选

此事反映了沈括认真的科学态度，这种态度，一直伴随在他的研究中。

成年后，沈括对植物的研究更为严谨、周到、细致。他不仅考察了山的形成，植物的变化，还把目光投注到植物化石上。

▲菊花象征高雅坚忍

他发掘、收集了许多植物化石。有桃核化石、芦根化石、松树化石、竹笋化石等。通过研究，他指出，这些植物化石都是远古植物的遗迹。

根据植物化石的研究成果，他又推测出了远古时的地理环境。

这是非常先进的。在他之后的400年，意大利人达·芬奇才开始解析植物化石的性质。

不过，在中国古代，科学被视为末业，不受重视。有一些和沈括一样对科学感兴趣的人，也都步入了植物学领域，可是，他们的成果，也都被浪掷，被忽略，被鄙视。

因此，古人对植物学的探索，虽然很广泛，甚至很深入，但是，并未得到更详细的记录。由于植物学得不到支持，植物学仿佛死水一潭，毫无生机。不过，当园林出现后，园林大量采用了植物，以一种生动的存在方式，把植物学无声地“复活”了。

宋朝的文人，以雅致为风尚，把清高淡雅、情致绝尘，渗透到生活各方面。在园林配置上，特别注意植物的选择。

竹，有君子之喻，寓含高尚、节操。文人对竹有敬爱之情，“宁可食无肉，不可居无竹”。因此，文人园林中，必不可少的植物就是竹。

那么，什么是文人园林呢？

文人园林，属于私家园林，多由文人设计。它体现了文人的总体气质：天然、雅致、疏朗、简约、悠远、宁静。

它起于魏晋，盛于唐朝，成熟于宋朝，并成为私家园

▲植竹是文人思想在园林上的一种反映

林的主导。它的崛起，还对皇家园林、寺观园林，有了绝大的影响。

由于文人园林渗透了文人的各种情感，因此，有许多细腻的地方，都能让人心动。而栽植翠竹，也是文人思想的一种反映。

在植竹时，还形成了一个“潜规则”，要“三分水，二分竹，一分屋”，把比例都拿捏定了。竹的重要性，可见一斑。

菊花、梅花、兰花、松树等，也是文人园林的首选。因为它们也代表了不同的人格精神，如高雅，如坚忍，如绝俗，如清俊等。

在栽植植物的过程中，必须要对植物的特性、生长、生殖等情况，有所了解。也就是说，必须掌握一些植物学知识，否则，就无法合理地配合季节、周围景致。这无形中积累了科学知识，丰富了科学宝库，死气沉沉的植物学也由此“活”了。

扩展阅读

宋朝时，山水诗、山水画、山水园林的渗透融合，已臻完善。这种完善，使得园林的细部或局部，如叠山、置石、建筑、小品、植物配置等，都处理得细致入微。

◎沧浪濯谁足

北宋的西北边境，颇不平静。少数民族的西夏人，在边境虎视眈眈。西夏的头领李元昊，不想依附于朝廷，时刻都想伺机出兵，吞并宋朝。

朝廷为之震悚，派人赶赴西北，主持防务。在加固防务后，朝廷想要派遣五路大军，深入西夏境内，进行大决战。

朝臣们意见不一，有人赞成主动出击，有人反对主动出击。一时，取舍不定。

大臣苏舜钦极力反对，他的理由很充足。

首先，西夏是强悍的游牧民族，人人皆兵，且以骑兵作战，骁勇无比。而宋军虽经训练，但是，若正面对敌，仍属“绵羊之师”，无法对抗西夏的“虎狼之师”。

其次，地理条件不利。西夏的过境面积，大约有2万多里，其中，2/3都属于沙漠地带。劳师远征，地形不熟，地势险恶，小股军队可以轻骑突入，但是，浩浩荡荡的大军要穿越辽阔的荒凉地带，就是个问题了，仅是粮草运输就十分困难。

再者，气候条件不宜。时值早春，边境地区，雨雪交加，天寒地冻，寒风凛冽，砂石肆虐，不宜大规模行军、征战。宋军若倾国而出，边境防守必然空虚，倘若西夏大军组织偷袭，后果堪虞。

苏舜钦又提出他的主张，即：暂且坚守，保存实力，养精蓄锐，待时机成熟，再图大举。

不过，也有很多大臣赞同主动出击。理由是：朝廷坐拥20万重兵，西夏只有区区四五万兵马，仅从数量上权衡，宋军就占得先机。

皇帝犹豫不决，不知如何决断。

几个月后，有谍报称，李元昊将攻取渭州。

皇帝再也不犹豫了，当即做出选择：全线出击，另遣1.8万将士绕于敌后，阻西夏军归路。

苏舜钦坚决反对，可是，反对无效。

宋军浩浩荡荡地出发了。很快，那1.8万将士就开赴到了张家堡（今宁夏境内）。

就在张家堡，西夏军蓦地出现。宋军立刻展开激战。几个回合下来，西夏军溃败，在损失数百人后，丢弃辎重而散。

宋军乘胜追击，全然不觉这是李元昊的诱敌深入之计。

在张家堡北部，有一个叫好水川的地方。宋军拼命地追到那里时，方才惊觉，中了埋伏。只见密密麻麻的西夏士兵从密林中钻出来，疾速冲下山，杀向宋军。

宋军拼死力战。怎奈长途作战，疲惫饥渴，且包围圈十分严密，逼迫甚紧，他们难以招架。

▶设计独特的圆形小亭，使园林瞬间生动起来

▲《濯足图》表现了古人对山水的亲近

最终，只有1 000多人突出了重围，其余的1万多人全部遇难。其中，大多数人都是堕崖而死，尸体覆压，层层叠叠，密密麻麻。

主帅任福拒绝投降，拼死力战，身中十余箭，挺身决斗而死。

惨烈的好水川之战，震惊了世人。阵亡者的几千个家眷，怀抱亡者旧衣，一路号哭，哀音不绝，撕心裂肺。招魂的纸钱，飘散在风中，愈显凄怆。路人心如刀绞，驻足掩泣，久久不能前行。

噩耗传到京都，震动愈大，皇帝“为之旰食”，饭都不能按时吃了。

苏舜钦更是不胜悲痛，黯然神伤。夜里无眠，他遥望苍穹，悲怆地写下了一首诗，记叙了战争的失败，批判了朝廷防务的松懈、失误，斥责了权贵者的无能与无耻。

苏舜钦的诗作，思想尖锐，内容直接，权贵们得知后，怀恨在心。此前，他就因支持改革，而为权贵们所恨，现在，权贵们一刻也容不下他了，屡屡向皇帝进谗言，想要弹劾他。

有一个权贵还火上浇油地诬告，说苏舜钦在祭神时，出卖废纸，得了钱后，饮宴歌舞。

皇帝生气了，脸色难看，下诏将苏舜钦罢职，去苏州闲居。

苏舜钦遭到了排挤，无法留任京城，被贬为平民，他异常苦闷，难以释怀。

来到苏州后，苏舜钦心情抑郁，便走到城南的三元坊，想散散心。

他踽踽独行，不觉暮色将至，走到一个水塘边。这是一个古池，是三国时的遗存。他抬眼望去，见地貌很好，位置很高，地势疏朗，草木清幽。他心中一动，突然想在此处落脚。

他几乎没有犹豫，便把此地买了下来。

苏舜钦在小山上构筑了一个小亭。一日，他想给小亭起个名字，冥思苦想，猛然想起“沧浪之水清兮，可以濯吾缨；沧浪之水浊兮，可以濯吾足”之句，顿时高兴起来，把小亭叫做“沧浪亭”，把自己称为“沧浪翁”。

苏舜钦自是欢喜。因他买地花了4万钱，诚如欧阳修诗所云：“清风明月本无价，可惜只卖四万钱”。

沧浪亭是一个很小的园林，几乎没有人工的景致，都是自然花草，野趣盎然。

苏舜钦之所以造小园林，一是因为他为官清廉，两袖清风，别无闲钱；二是因为当时风气使然。宋朝文人亲近自然，青睐“卑小简素”的园林。无论是钓鱼庵，还是采药圃，都追求自然天成，不加人工构造；而且，崇尚就地取材，不浪费资源，不麻烦，不摆花架子。

因此，沧浪亭虽然简陋，但却成为一个著名园林。加之，苏舜钦名气很大，沧浪亭的名声也随之增大了。

苏舜钦在沧浪亭的滞留，很短暂。不多久，朝廷便又征召他入京任职。他就此离开沧浪亭。等他想要回沧浪亭小住时，他又患了重病，难以起行，最终长逝于病榻上。

苏舜钦死后，沧浪亭的命运变得曲折了。

一个姓章的人，先把沧浪亭买走了。此人建阁起堂，增建嵌空大石，使小园林变得丰富而有层次，成为一时之雄观。

北宋灭亡后，南宋建立，抗金名将韩世忠看上了沧浪亭，又把它买过来。韩世忠又建了一架飞虹桥、一座寒光堂、一间冷风亭、一座翠玲珑。

可是，到了元朝，沧浪亭在历史的更迭中，被废弃了。它变得极不起眼，破败不堪，默默伫立在野草间。一群僧人把它当成了落脚的地方。

明朝时，僧人也遗弃了它。

一日，一个叫释文瑛的人，到旷野里去远足。他偶然注意到，在杂草荆棘中，有一个叫大云庵的僧院，斑驳、倾倒。不知为什么，他突然想去瞧瞧。他穿过藤蔓，拨开野草，凑近一瞧，惊讶地发现，此处竟然就是原来的沧浪亭！

释文瑛又惊又喜，又心痛，赶忙召人割除荒草，复建沧浪亭。

沧浪亭总算被挽救了。

然而，它命运多舛，到了清朝，它又遭到了废弃，还被兵火毁坏。

清朝就快终结时，巡抚张树声注意到了沧浪亭的命运，又一次重修了它。他又增加了明道堂、五百名贤祠、见心书屋、印心书屋、看山楼等。

从宋朝到清朝，小小的沧浪亭，几易其主，不知濯谁之足，可谓历尽沧桑。

它早就不再是宋朝的面貌，但仍旧以水为主。

一至园门，便临水；门前，横亘一桥。与建筑环池的布局，截然不同。

沧浪亭不拒溪于外，而是沿河修了一条长长的贴水复廊，将水与园林连为一体。复廊衔接的转折和收头，是藕香榭、面水轩等亭台，让人感觉溪流曲折、水面开阔。

沧浪亭关照到了人的视觉，依照视觉的离心性、扩散性，使建筑物背向山，面朝外。如此，建筑也显得活泼了，参差了，错落了。它们的影子落在水里，美得让人不想眨眼。

沧浪亭的前半部，是土石山。虽然庞大，但并不显得紧迫、挤塞。原因是，叠山时，用了土石相间的手法；叠石时，侧重于山脚、上山蹬道。如此，便以石抱山，既能固土，又显自然。

扩展阅读

金明池原为水军演习之所，后来，宋徽宗改造为园林，任由百姓入游。3月，桃红似锦，柳绿如烟，粉蝶扑花，黄鹂伏枝；雨夜，雨打荷叶，飒飒萧萧，时人皆爱。

◎药圃里的思想

公元1068年的北宋，政治危机严重，经济危机四伏，宋仁宗心急如焚，渴望富国强兵，遂召见王安石，让王安石提建议。

王安石说，唯有变法。

宋仁宗颔首，又召其他大臣讨论。

这下子，反对声多了起来。极不赞成的人中，就有大名鼎鼎的司马光。

宋仁宗见状，愁眉苦脸，犹豫不决。

春天，宋仁宗举行了祭天大典。按照惯例，祭天后，要赏赐给百官银两、绸缎。可是，国库已然空虚，拿不出钱来。

怎么办呢？

宋仁宗想了想，一点儿办法没有。他决心免去这次赏赐。尽管如此，他还是心烦不已，变法的事儿又蹿到了他的脑海中。

于是，他又把王安石、司马光等人召来，再度讨论变法。

王安石与司马光互不相让，第一次争论了起来。

其实，司马光也希望改变现状，但在具体措施上，他的观点与王安石不同。王安石是激进派，想直接解决财政、军事问题；司马光是稳健派，想要在稳定思想后，再一步步地渐进改革。

两个人口角不休，当着皇帝的面，争得面红耳赤。

王安石说："国家财政不佳，就是因为没有会理财的人。"

司马光说："所谓会理财的人，就是说得好听，实际就是要增加百姓的杂税。"

王安石说："压根不是，会理财的人，能不增加捐税，

▲花圃中的白色小花

▲花圃中的小花

而使国库充盈。”

司马光说：“天下哪有这样的事儿，世间的钱财万物，都是一定的，不在民那里，就在官那里，想要榨取百姓，比增加捐税更坏。”

他们言辞激烈，气愤不已。宋仁宗见了，连忙劝解。二人总算不争吵了，但还是情绪激动，各自散去时，还不能平复。

宋仁宗内心纠结、犹豫。然而，随着国势越来越颓败，到了第二年，他还是决定，支持王安石变法。

司马光闻之，黯然失落。

变法开始后，司马光觉察到一些不妥，便又开始反对。

王安石阻力甚大，压力也大，便和司马光再度发生争执。

▲《烧药图》中，童子在树下熬药

司马光不理睬，还是向宋仁宗进谏。不过，由于改革正在进行中，有些具体的弊端还不能一一细述，所以，司马光在进谏时，说来说去，只有两个字——“不妥”。宋仁宗渐渐听腻了，心情不悦，认为司马光是在无理取闹，便对司马光冷淡了。

司马光处境不妙，有些尴尬。

司马光是一个君子，磊落、温厚、正直，他并没有因此而诋毁王安石，攻击王安石。他与王安石的分歧，是因为政治观点的不同，在本质上，都是为国为民，是纯粹的君子之争，而不是为了一己私利。因此，当一些大臣愤愤不平，让他弹劾王安石时，他严词拒绝了。他说：“王安石没图任何私利，为什么要弹劾他？”

至于王安石，他也痛恨司马光与他争辩。可是，他也由衷地说：“司马光乃真君子。”

尽管如此，政治上的分歧，还是使他们无法同朝共事。

司马光在朝廷存身困难，主张也得不到认可。在无可奈何中，他只能离开京城，去了洛阳。

司马光引退后，在距洛阳城5里的旷野，买了5亩地，起名"独乐园"。

为什么叫独乐园呢?

司马光说："鷦鷯巢林，不过一枝；鼹鼠饮河，不过满腹，各尽其分而安之。"

即便想和别人同乐，也没人愿意；既然无法同乐，那就只能独自乐呵了。

可以想见，司马光的内心，是有几分悲凉、几分哀伤的。

与司马光的声望地位相比，独乐园显得有些小，有些朴素了。

独乐园中，水为中心，四周是各种花花木木。水心岛上，有一片小竹林，幽邃，奇特。

园中，有一个读书堂，是几间简陋的小屋。这是司马光最常去的地方。确切地说，他在读书堂度过了15年的时光，写出了震惊天下的《资治通鉴》。

为了著书，他挤出了一切时间，日夜不停。

在着实劳累时，他便走到钓鱼庵，稍事消遣，略略小憩。

▼药圃园模拟图

有时，他会去弄水轩看水。弄水轩内，有水塘，水流出后，默默地绕着庭院转一圈，才流到园外去。

弄水轩小之又小，但司马光的心境宽之又宽，所以，他能够自得其乐。

比弄水轩还小的，是浇花亭。浇花亭里，花草一株一株，司马光侍弄它们，很用心，很精心，认认真真的，好像在抚养自己的小孩。

最有情趣的，却是采药圃。圃中，种满中草药。司马光识药草，了解药性，根据各种药草的特性，依照地势、地形栽种。在药圃中，他还移来了很多蔓草，连连绵绵，迷迷离离，碧色流荡。

药草成熟后，司马光会采集下来，留一部分给自己使用，更多的是送给乡邻。

药圃的布局，疏朗，清新，质朴，一一都应和了司马光的思想。可以说，在整个园林中，此处最光辉。

▲风干的植物标本

独乐园内，很少堆山，鲜见叠石，只有一些不成样子的小土包，自然天成，浑然无痕；也少见建筑，景致甚至也不多。可是，由于司马光的淳厚人品，世人对这个小园子兴趣极大，许多仰慕者络绎而往。

苏轼是司马光的朋友，他特意给独乐园写了一首诗，道："青山在屋上，流水在屋下。中有五亩园，花竹秀而野……"

这下子，独乐园的名气更大了。

然而，也正是因此，却也引起了一场不小的波澜。

苏轼在政治改革上，与司马光意见一致。反对派在发现这首诗后，看到苏轼与司马光联系紧密，担心他再次出头、反对变法，便故意找茬，向皇帝进谗言，说苏轼利用文字反叛朝廷。

结果，苏轼遭到了贬谪。

司马光压根不知道，他正在独乐园里给花苗浇水，莫名其妙中，突然也被定罪，罚铜20斤。司马光本来就穷寒不堪，加之为官廉洁，经此一事，顿时变得家徒四壁，极其窘迫。3年后，当他的夫人病亡时，他连下葬的钱都拿

不出来。

独乐园的日子，变得更加孤独了。

沼绿，新梅，鸣鸟，春风，一一都美，但一一都让他感到纷扰，烦乱。

几乎每一天，他都闭门独坐，默默读写，默默饮酒。黄昏一个个地过去了，清晨一个一个地翻新了，他的心，却依旧沉寂，落寞。

3月的一日，名流文彦博来到了独乐园。他带着歌伎，邀司马光一起去踏青。

司马光整整衣冠，准备出行。侍弄药圃的老仆看到了，拿眼瞅他，随即叹息。

司马光感到奇怪，问老圃因何而叹。

老仆道："花木繁盛，一出门就是几十天，待春色老时，也不曾看一行书，岂不可惜。"

司马光听后，极其惭愧，向老仆表达了谢意和歉意。他发誓再不贪恋身外物，要加倍珍惜光阴，著出成果。之后，他婉言谢绝了文彦博的好意。

司马光后来又被召回朝廷。那是在王安石变法失败后，司马光回京担任丞相。

司马光离开了独乐园以后，独乐园仍旧兴盛，很多人慕名而来。

司马光有一次路过独乐园，暂且滞留，看到园内新建了一间小屋。

司马光问守园人，哪来的钱建屋。守园人如实地说："前来游观的人，留下了一些钱。"

司马光问守园人，为何不自己留用。守园人认真地说："他们给钱，是冲着丞相的声望，并不是给我的；但我又知道，丞相不会要这些钱，所以，我就盖了间小屋。"

司马光思想深刻，他的守园人、老仆等，也都境界不凡。

有一个名僧，叫参寥子。他到洛阳后，直奔独乐园。在药圃，参寥子注意到，地势很高，很枯，但却生长着20多株生芝。

参寥子很疑惑，问老仆，生芝如此繁茂，是用什么润泽的？

老仆淡然道："天生灵物，不假人力。"

参寥子听后，不禁感叹道："不愧是司马光的人啊，连老仆说话都如此有思想。"

独乐园以其人文之光，成为了洛阳18个著名私家园林之一。到了元朝中期，才走向没落。

独乐园如此之小，如此之陋，拥有的寿命却如此之长，这一切，都要得益于园主人司马光的人格魅力。

扩展阅读

宋朝商品经济繁荣，带动了园林建筑的多样化发展。南宋人对湖石尤其感兴趣，他们频繁地使用自然山石，使其成为一种表现力强的园林语言，丰富了园林学。

◎化妆的湖

苏轼担任的官职，是直史馆。这个职务，要求每个月都必须发表见解，向皇帝阐述政事利弊、得失；若不然，便是失职。

当王安石变法后，苏轼发现了改革中的一些不当之处。因此，他提出了一些反对意见。

这是苏轼的职责所在。他与王安石没有任何私人恩怨，只在学术思想上有些分歧，在政见上有些迥然，在人生态度上各有追求。

问题是，苏轼的文笔十分了得，这使他在反对、谏诤时，极为犀利，深切命脉，对变法影响极大，极大地阻碍了新法的推行。

王安石于是把苏轼划到了敌对阵营中。

为了消除阻力，身为丞相的王安石，调苏轼去开封府，担任推官。开封府事务繁多，王安石希望用繁多的事务困住苏轼，免得苏轼上朝议政，反对他的新法。

谁知，苏轼才高，不仅把开封府的工作料理得井井有条，还不耽误上朝议政。

王安石很头疼，烦恼不堪。

他开始大力排斥苏轼，让苏轼在事业上难以发展。

苏轼何等聪明，他立刻意识到了，王安石正在蓄意压制自己。他不服输，更加奋勇向前，在进谏时，措辞也更加激烈。

苏轼和王安石都不能平心静气了。随着时间的延伸，两个人的对抗，到了登峰造极的地步。

他们原本都是光明豁达的人，却因为这场改革，而变得激越、极端，难以控制，互相倾轧，几乎丧失了理智。

苏轼公然打击新法，说“小用则小败，大用则大败”。

他还说，王安石一伙人是“希合苟容之徒”，王安石更是“小人”；王安石还“不知人”，不配辅佐皇帝，不配有“非常之功”，应该用严厉手段使其“安分守法”。

王安石的出招，更加凶狠、严厉。王安石暗中指使了一个侍御史，让此人诬陷苏轼，说苏轼回家奔丧时，秘密夹带货物，沿途做生意；守丧后回京，也是如此，还冒称朝廷差遣，向地方借兵胡作非为。

▲如梦如幻的西湖柳艇

苏轼对王安石的攻击，有些是毫无根据的。

王安石对苏轼的打压，有些也是不正当的手段。

皇帝见有人弹劾苏轼，便下令查核。虽然子虚乌有，查无此事，但风声已起，风言风语四溢。皇帝还是很生气，恼火地说：“苏轼不是什么好人。”

皇帝对苏轼失去了客观的评价，苏轼被迫离开朝廷，远赴杭州任通判。

无疑，苏轼是极为落寞、极为伤感的。

尽管如此，苏轼在杭州的工作并未耽误。他为当地人做了很多好事，还对西湖进行了治理。

在此前的200多年间，西湖不治，一半的湖面，都湮塞葑草。看不见湖影，只闻得到臭气，就好像一个美人蒙了尘，蓬头垢面。

苏轼想要治理西湖，便上疏给朝廷，说西湖不可废，有如人之有眉目。

朝廷被打动了，同意了他的申请。

4月间，苏轼动员来20万当地人，开始轰轰烈烈地挖葑草，挖淤泥，疏浚湖水。

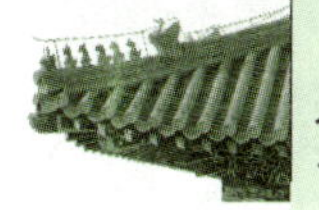

此时，有人担忧，泥草被挖出来后，无处可放，仍旧是一堆垃圾。

苏轼安慰众人，他早有打算。他让人把泥草堆筑起来，自南至北，横贯湖面，形成了一道2.8公里的长堤，漂亮非凡。众人惊喜极了，分外高兴，把长堤称为“苏堤”，以此来铭记他的功劳。

在堤上，苏轼又遍植桃柳。树木既能保护堤岸，又格外好看。

杨柳是西湖“首席”植物，当桃花盛开时，朵朵簇簇，映衬在无所不在的柳枝间，不仅迷人之眼，也醉人之心。

苏轼还让人修建了6座石拱桥，横亘在西湖的水面上。自此，便形成了“明湖一碧，青山四围，六桥锁烟水”的美景。

营建后的西湖，不仅有翡翠般的苏堤，还有碧绿的三岛——小瀛洲、湖心亭、阮公墩，更有“塔影亭亭引碧流”的三潭印月……

所谓“好花须映好楼台”，西湖的建筑物也很多。但并不穷奢极欲，也不“千人一面”，而是根据地势或大或小，或隐或显，或多或少，或连绵或点缀。如此灵活，与水相映，两两成趣。

依靠“借景”、“对景”的园林手法，西湖形成了独特

◀左前方的人物，为大文学家苏轼

的风格：若即若离，迷迷蒙蒙。

苏轼把泥沙泄流的废湖，治理成了闻名天下的园林。不仅百姓高兴，他自己也很快慰，他大抒胸怀，写道："水光潋滟晴方好，山色空蒙雨亦奇。欲把西湖比西子，淡妆浓抹总相宜。"

就这样，蓬头垢面的丑西湖、臭西湖，在经过苏轼的"化妆"后，变成了美西湖、香西湖。

治理后的西湖，沟通了南北交通，给经济发展带来便利；又让人有了赏心乐处，当地人可以在这不花钱的园林中，随意休憩。可以说，苏轼改变了西湖的命运，改变了杭州人的命运。

可是，苏轼的命运，却并未因此而改变。

当他离开京都7年后，他赴京述职。让他惊讶的是，他被拦阻下来，不许入城，说是"有旨不许入国门"。

他简直不敢相信自己的耳朵。他究竟犯下何等逆天大罪，究竟是何等品行不端，才能被禁止入国门呢？全天下的人，都在流水般地往来于城门下，而独独他一人，不准入内。

对于苏轼来讲，这无疑是重大的人格侮辱，重大的心灵打击。

苏轼无处可容身，只好来到京城附近的一个故旧家里，暂且过夜。

之后，他求告无门，只好返回杭州。一路上，百般凄凉。

没几天，变法派又从他的诗文中，断章取义地摘出几个词句，说他愚弄朝廷。这下子，他连杭州也待不下了，他被抓捕了。

杭州百姓很拥护苏轼，对苏轼感情很深，当听说苏轼被抓后，都愤愤不平。押解当日，百姓自发走出家门，执手相送，泪如雨下。

苏轼此后被贬往黄州。

在接下来的又一连串的政治倾轧中，他又被贬到岭南，贬到海南岛。

在宋朝，贬谪人臣的惯例，是以贬地距离京城的远近，来表示责罚的轻重。贬到黄州，算是“宽典”；贬到岭南，算是“重谴”；贬到海南岛，算是唯欠一死了。

朝廷对苏轼的惩罚，便是“唯欠一死”。苏轼悲愤、绝望，无言以对。

66岁时，凄苦一生的苏轼，病逝了。

但历史永远记住了他，西湖也永远记住了他。

在他死后，朝廷上下为西湖所动，朝臣、权贵争先恐后地在湖边建宅营园。许多小园林，也随之而诞生，与西湖这个大园林，形成园中园的格局。

这是苏轼带给园林的贡献，是他生前绝未想到的。

扩展阅读

聚景园是南宋皇家园林，位于西湖的清波门外。内有近20座殿堂亭榭，引入了西湖之水，“柳浪闻莺”就在此处。皇帝常于此看内侍蹴鞠、荡秋千，或绕堤闲逛。

◎“嫁接”的山，“嫁接”的水

初春一日，宋徽宗赵佶从野外归来，兴致正浓。

他意犹未尽，便召画师到御花园，以“踏花归来马蹄香”为题，进行画考。

画师们一时无言，面面相觑。原因是，题目中的“花”、“归来”、“马蹄”都好表现，唯有“香”，是无形的东西，很难表现。他们感觉无从下笔。

他们绞尽脑汁，纷纷想着主意。过了一会儿，便根据自己的理解，埋头画了起来。

有人画了一个骑马的人，踏春归来，手里捏着一枝花。

有人画了几个骑马的人，在马蹄上“沾”了几片花瓣。

可是，虽然有花，却并不意味着“香”。宋徽宗看后，不大满意。

宋徽宗又拿起另一张画作。那是一个年轻人画的，上面只有奔走的马蹄，另有几只蝴蝶，飞舞在马蹄周围。

宋徽宗俯身一看，即刻抚掌，赞叹年轻人的构思奇巧，表现出了踏花归来、马蹄留有芳香的内涵。

▼北方园林往往气势非凡，如图中的半亩轩榭

宋徽宗挥墨评道：立意妙，意境深，将无形之花香，有形地跃然于纸上，令人感觉香气扑面袭来！

宋徽宗的评价，极为中肯。这说明了他在绘画方面的深厚底蕴。

宋徽宗是历史上有名的绘画大师，他独创的瘦金体书法，独步天下，直到今日也无人能够超越；他的画作，精细，精美，令人叹为观止；他还创立了画院，编撰了美术史籍，将画家的地位提到历史上最高的位置。

宋徽宗不仅在美术领域独树一帜，而且，他还把艺术造诣运用到园林中，也创造出了独一无二的奇迹。

公元1117年，宋徽宗筹建了艮岳。

艮岳，又名华阳宫，是皇家大内御苑。

为什么叫艮岳这个生涩的名字呢？

原因是，艮岳中的万岁山，位于皇宫东北，依照卦象，是艮的方位，所以，才叫艮岳。

显然，艮岳也是以山为主的园林。

艮岳是一个里程碑式的园林，它的横空出世，代表了园林已经走向成熟。

它让宋徽宗花费了很多心血。不过，宋徽宗也让百姓经受了很多磨难，为王朝的动荡埋下了伏笔。

艮岳的假山，空前庞大。沟壑，洞穴，变幻莫测。这需要大量的石料。而石料都异常珍贵，是“瑰奇特异瑶琨之石”。

为了搜石，宋徽宗还在苏州、杭州设了应奉局，专门游走、搜集。无论看中了哪一家的花木，立刻用黄布盖上，以示已被征用，谁都不能挪动，不能自用。

为了运送石头，又成立了一个组织，叫做“花石纲”。

这种巧取豪夺，让百姓怨言四起。

但宋徽宗并未罢手，继续疯狂收敛。他把一块块的太湖石，一块块的灵璧石，都堆叠到艮岳，把石头相互“嫁接”，叠成雄拔峻峭的山体。

他还用珍奇的石头，铺设蹬道。蹬道依山势曲折、蜿蜒。山险路陡，悬崖峭立，高十余仞。他仍嫌不够，仍“嫁接”上太湖灵璧之石，巧夺天工。

在洞穴中，还埋下了雄黄石、庐林石。雄黄石是用来驱赶虫蛇的，庐林石是用来制造虚无缥缈的幻景的——庐林石在阴天时，能散发出云气。

▲古代扬州园林酷好栽植花树

▼宋朝时的南方园林极嗜花朵

艮岳的东半部，为“左山”；艮岳的西半部，为“右水”。

理水，也是艮岳必不可少的。园内水系完整，从西北角，把景龙江“嫁接”过来，湍湍流淌。之后，又分别“嫁接”到河、湖、沼、溪、涧、瀑、潭等水体上，形成一大片蓊郁的水汽。

水中有岛，岛上有堂；水岸有漱玉轩、清澌阁等，还有酒肆。

还有一挂人工瀑布，叫做紫石屏。它位于寿山上。有一天，宋徽宗前去检验，工匠们为了取悦他，用巨大的木柜储水，等他经过时，马上打开柜门，顿时，水从山顶倾泻而下，壮观震撼，与真瀑布一样。

水从山上流下后，并未浪费，而是流入雁池。雁池中，涟漪清清，一群群的凫雁，或浮游，或栖息，形成一个独特的生物圈。

艮岳的造园，叠山与理水并重，静态山景与动态水景结合，大气，雄浑，达到了高超的造园水平。

就宋徽宗个人来说，他最喜欢的地方，位于万岁山和寿山之间。那里，山岭绵亘，有悬崖，有深峡，有幽洞，有亭阁，有楼观，有密林，有茂草，有高有低，有远有近，有出有入，有荣有凋。

▼设计独特的染霞山庄，为北方园林

宋徽宗在视察时，或徘徊，或仰顾，视野中不是重山，就是大壑，不是幽谷，就是崖底。这种风格，恰好符合他的艺术口味，符合他的画风。因此，他留恋此处，高兴得合不拢嘴。

他喜欢读书，研究学问，所以，还在山中建了公共图书馆。

他也喜欢植物，一共引进了70多种

◀灵石叠出的婀娜之态

植物。如枇杷、柚、椰、凤尾、含笑草等。根据不同种类，有的植物是独株，有的是两两相对，有的是片片相连，有的是混在一处，非常讲究。

宋徽宗把审美思想，审美情感，酣畅淋漓地表现了出来，构成了一个有山水、植物、建筑的综合性园林。

客观地说，宋徽宗营造艮岳，并不容易。他事先进行了详细规划，还绘制了先进的图纸，还估算了工料，估算了施工。前前后后，一共用了6年时间，方才实现了愿望。

在皇家园林中，艮岳是第一个移山填海的，也是第一个引入“移天缩地在君怀”的造园思想的。

此前的皇家园林，是这样的模式：由畋猎、游乐而艺术创造。

此后的皇家园林，是这样的模式：由欣赏、模仿而再现山水。

然而，艮岳创造了如此多的辉煌，却也引来了灭顶之灾。

宋徽宗为营造艮岳，曾差遣上千艘船只，从江南运送山石花木。汴河上，舳舻相衔，船帆蔽日，百姓频受盘剥，不胜其扰。由于常年如此，造成了民不聊生、家破人亡；最终，把农民起义逼迫出来了。

一直觊觎中原的金兵，注意到中原民怨沸腾、国力困竭，马上乘虚而入，围困了京都。

此时，艮岳刚竣工。金兵围城不散，宋军士气疲软，宋徽宗没吃没喝，饥渴难耐。他毫无办法，只好让人猎捕艮岳的山禽水鸟，以此充饥，有10多万之数。他又让人拆毁艮岳的建筑，作为柴薪；拆毁石山，作为炮石；砍伐竹林，作为篦篱；杀死几百头大野鹿，犒赏鼓励侍卫。

可是，无济于事。

▲浑然天成的叠石

金兵毫不懈怠，日夜猛攻，到底攻陷了都城。城内百姓惶恐不安，纷纷逃走，避于艮岳的万岁山和寿山中。

宋徽宗没有逃跑，被金人俘虏了。

金人把他押出皇宫。路上，他听说，宫中财宝被劫掠一空了。他毫不在乎，不以为意。一时，他又听说，宫中藏书被抢走了，他顿时心痛难忍，仰天长叹。

在押解中，宋徽宗饱受凌辱；被囚禁后，饱受精神折磨。

他写下了许多悔恨的诗句，哀怨与凄凉时刻伴随着他。

被囚9年后，他不堪精神折磨，悲怆而死，年仅53岁。

他辛辛苦苦营建的艮岳，还没风光起来，就遭到了毁坏，面目全非。

明朝学者李梦阳在回忆前朝往事时，写诗悼念艮岳："黄芦莽瑟瑟，疾风鸣衰柳……"

艮岳之中的奇石，是一代代人最关注的。它们哪里去了呢？

一部分奇石，被激战的炮火炸碎了。还有一部分，被金兵运往金朝的首都，由于战场乱糟糟的，还没有起运，就散失了很多。等到运走后，沿途又流落了很多。

有一块凝碧的八音石，被金兵运走了。之后，它露面了一阵子，不久，又突然消失了，无人知道它的去向。明末清初时，有一年，黄河决堤，洪水漫城，泥沙淤积。有人重建此城，在挖土时，挖出了这块八音石。众人欣喜若狂，把它郑重地安置到孔庙中。

迄今，它成为了艮岳历史的见证。

扩展阅读

宋朝扬州园林嗜花。禅智寺是寺观园林，以芍药花著称。宗元鼎赞道："圃中芍药盈千畦，三十余里何芳菲。高园近尺灌溉肥，千花万蕊蜂蝶依。"可见花朵锦盛。

◎边角构图从纸上走到地上

南宋人马远，是画院待诏。他家一门五代，一共出了7个画家，他从小就饱受熏陶，喜欢画山，画水，画花，画鸟。

可是，马远从不盲从前辈或权威，而是形成了自己的独特风格。

他在20多岁时，画作就得到了皇帝的御笔亲题。由于他还精于鉴赏，皇帝每获名迹，总想着召他辨验。

由于这个原因，马远在朝中颇为受宠，在画院中也最知名。

有一年冬天，马远在踏雪后，画了一枝红梅。皇后的一个妹妹看见了，忍不住题了一首诗在画上。这位妹妹的字迹，与皇帝的书法很像，她曾代替皇帝题过很多书画，其中就包括马远的。

但在这幅红梅图上，她的用语，却是关乎情思的。此事传了出去，时人在暗地里开始讥讽她。

至于马远，他的作品反而更受欢迎了。宫中的许多屏幛、应制品，都由他绘制。

那么，马远的画究竟好在哪里呢？

▶马远所绘《倚云仙杏图》，有大量留白

◀马远所绘《雪屐观梅图》，是典型的边角构图

在用笔上，马远的勾线本领，异常的强。这使画作简洁，明净。

他在画山石时，总是用笔直扫，水墨俱下，既淋漓畅快，又棱角分明。

他在画树叶时，总是画夹叶，把树干画得浓重，多横斜之态，且寂寥地衬染着楼阁。

他在画花鸟时，总是离不开山水，重视情意的传达，显得生趣盎然。

在构图上，马远一改以往的“全景式”，总是只画一角，或只画半边景物，使空间感更为强烈，以小见大，以偏概全。世人称之为“马一角”。

苏轼早生于马远200多年，苏轼在世时，曾断言：“尽水之变，惟蜀两孙，两孙死后，其法中绝。”两孙，指的是晚唐的两位画水大师。如果苏轼多活200多年的话，他就不会下如此武断的结论了。因为马远画的水，更为出色，自然，温柔，从容。

马远知道自己的画作，是惊世之作。但是，他不知道，他不仅为绘画史作出了贡献，还为园林史作出了贡献。他的边角构图的画风，极大地影响了园林的发展格局。

在马远之前，唐朝园林倾向于精雅、开阔；在马远之后，宋朝园林则增添了一抹柔丽，突出了文人园林的诗情画意。

受到“马一角”的影响，园林开始追求简约，干净，疏朗，追求“精而澄疏，简而意足”；回避丰富，规避繁多；强调整体性、自然性。

就如马远的作品一样，建筑的密度极低；园林布局上，有大片的留白，大片的空阔。比如，在植物间，在树林间，留有大片空地，或留有小道，让人在有限的空间里，体味到无限的空间感。

实中寓虚，虚实相应，以少胜多，意境深远，这便是马远带给园林的礼物。

扩展阅读

宋高宗建的玉津园，是皇家苑囿。宋朝灭亡后，园废，只留下一个古地名。2008年，一个日本人以6 000万港币拍卖了一个宋朝纸槌瓶，瓶底刻着“玉津园”3个字。

◎太液池中隐含登月的意图

宋朝与金朝相交之际，正是丘处机的道德声望最隆盛的时候。

丘处机是全真教的道士，他有修行，有学识，有涵养。无论朝野，都很佩服他。宋朝和金朝，都曾召请他出仕，他全都拒绝了。

这时候，北方的蒙古首领成吉思汗，也来召请丘处机。

丘处机竟然答应了。

世人都觉得怪异。在他们看来，位居南方的宋朝，是国之正统，奉道之意甚厚，而雄踞北方的蒙古骑兵，乃边地蛮族，嗜好杀戮，且言语不通。丘处机应该前往南方，而不是奔赴北方。

可是，丘处机有着更深远的看法。他觉得，正是因为北方杀戮太重，他才要前去纠正，才能拯救生灵。

丘处机这样想着，便选出了18个徒弟，陪他前往成吉思汗的行营。

这是丘处机悲天悯人的救世思想的体现。他已经73岁，病体衰弱，但为了消除兵祸，还是冒险踏上了万里古道。

道路异常坎坷，难行，既要经过荒凉的戈壁滩，又要经过虫蛇肆虐的原野。天气恶劣，时常变幻，风雨霜雪不时席卷。而且，战火始终伴随，危险日夜存在。

在如此艰苦的条件下，丘处机整整跋涉了两年。等到他75岁时，才抵达阴山，见到了蒙古首领成吉思汗。

当时，正是大雪封山，丘处机已是衣衫褴褛，瑟瑟发抖，满面沧桑。

但他没有休憩，而是尽快拜见了成吉思汗，与成吉思汗“论道”。

他极力劝说成吉思汗，要清心寡欲，要敬天爱民，要

▲开在粉墙上的玲珑之窗

▲可以借景的窗

▶恢宏壮丽的宫苑园林模型

好生止杀，以仁心待天下之人。

他一共正式劝说了3次。不过，他不是枯燥地说教。为了打动成吉思汗，他针对成吉思汗渴望长生的心理，把行善求仁与追求“成仙”结合起来，以此劝告成吉思汗，要“内固精神，外修阴德”。所谓的内固精神，就是别总是打仗、征伐；所谓的外修阴德，就是要去暴、止杀。

成吉思汗不反感，觉得很受听。他把丘处机尊称为“神仙”，说：“神仙所言，正合我心。”

成吉思汗命令礼部官员，把丘处机的话，都记载下来。他还召太子、大臣，都来聆听；并发出告示，布告天下。

在这种情况下，蒙古铁骑在占领区，就不再大肆杀戮了。

丘处机返回中原时，成吉思汗赐予他很多钱物，丘处机拒绝了。他只接受了一个馈赠——免除全真教教徒的赋税。

为什么呢?

因为他利用这个馈赠，把许多流离失所的流民，都安置到了全真教，让他们以教徒的名义，不再交纳苛捐杂税。

依靠这个方法，他拯救了2~3万人。

丘处机还将自己的粮食，分发出去，煮成粥饭，救济饥民。许多濒死的人，都活了过来。

不过，丘处机对成吉思汗的劝说，并未达到史书上所说的“一言止杀”、“去暴止杀”的效果。战争仍未平息。

由于日日行军打仗，这一时期是历史上园林的低谷期。

另外，蒙古人消灭宋朝，建立元朝后，只统治了不到100年的时间。在这段时间内，统治者忙于巩固权威，百姓忙于生存，谁都没有闲心去考虑园林。

元朝的制度，也使园林迅速走向了衰落。

蒙古人是游牧文化，中原是儒家文化，蒙古人掌控中原后，实行了民族歧视政策。元朝把人分为四等：一等人是蒙古人；二等人是色目人；三等人是汉人（金朝遗民）；四等人是南人（宋朝遗民）。

汉人受到了排挤，地位低下。汉人若盗窃，要被脸上刺字，而蒙古人与色目人则免刺；汉人若杀人，要被处死，而蒙古人和色目人杀死汉人，仅需交点儿罚金，或者参军而已。

汉人本是营建园林的主体，但在这种情况下，却使汉人无心再关注园林。

再者，蒙古人冲杀到中原后，破坏了经济，国库空空，一无所有，根本没钱去建园林。

不过，元朝并非对园林一点儿贡献没有，元朝扩建了太液池。

◀端庄优雅的窗

这是一个模仿汉朝的园林。

至于为什么要扩建太液池，是因为，蒙古人长期居住北方，那里非常寒冷。当他们闯入中原后，中原的气候稍热，他们不习惯，受不了，便扩建了太液池，用于消暑。

太液池，位于元大都宫城西面，山水壮阔。元朝依照一池三山的模式，又修建了万岁山。

▲窗是园林中重要的元素

万岁山是一个大岛。岛上有一个广寒殿。殿阔7间，东西120尺，深62尺，高50尺；四面都是琐窗，缀满了金红云朵；在丹楹上，盘绕着神龙。

广寒殿处在岛的最顶端，仿佛在无限地接近天空。这种设计，显示出古人对月球的兴趣，隐含着一种登月的思想。

从广寒殿俯视太液池的时候，又仿佛从月球上俯视人间，有一种奇特的出世之感。

每当明月当空，广寒殿与月亮两两相应，这种感觉更加强烈。

元朝时，许多海外学者来到中原。其中，有一个阿拉伯人，为元朝制造了浑天仪、天球仪、观象仪、地球仪等。这些仪器，对元朝科学产生极大震动。元朝人郭守敬受到浑天仪的启发，发明出了更先进的简仪。自此，古人可以更好地观测天象了，对天象的解释，也更加深入了；古人在探索月球方面，也更进了一步。

而广寒殿的修建，恰恰合乎了这种探索之欲。

在广寒殿周围，散布着荷叶殿、脂粉亭、牧人室、东浴室更衣殿、厕堂等。五花八门，奇形怪状。

最有特色的，是团城。团城是个泥土小岛，一个圆形小岛。岛上有圆形的仪天殿，面阔11间。团城四面都是

水，通过木吊桥，可以抵达太液池的西岸。

太液池中，芙蕖朵朵，清香飘逸。元朝皇帝很钟爱这里，总是泛舟池上，细看粉荷。

在太液池的西面，有一个灵囿，圈养着狮子、老虎、豹子等。各国、各地、各少数民族进贡的珍禽，也都养在里面。

饱受压制的汉人，自然没有情绪营建太液池之类的园林。不过，他们为了抒发郁闷，排遣屈辱，建了一些简陋的小园林。

他们在小园林中，以诗酒为伴，吟风弄月，倾吐衷肠。

这时的园林，成为了汉人宣泄情绪的工具。这对后来的明清园林，影响甚大。

扩展阅读

契丹族以捕鱼、打猎为生，契丹人建立辽朝后，依旧遵循这一习俗。皇帝会在春、夏、秋、冬四时巡猎各地。为了安顿皇帝，便出现了避暑、狩猎的离宫苑囿。

第六章 明清：园林的巅峰时代

在园林史上，明朝园林是最为成熟、最为大气的，气韵极为饱满。清朝园林更为辉煌，涌现了大批的造园家，大量的造园著作。园林这种特殊语言，被正式纳入了语言文化学的范畴。与园林相关的语符、语素、语序等，逐渐被世界所熟知，所学习，所研究。

◎皇宫里的野气

正德皇帝朱厚照挽着袖子，在名为“廊下家”的酒肆门口，一声声地吆喝着，招徕酒客。突然间，一阵吵骂声传来。正德皇帝立刻冲了过去。

原来，是两个贩布商贩发生了口角。一人挥舞着账本，指责另一个人出售假货，伤害了他纯货色的利益。吵闹很激烈，看客越聚越多。街市原本热闹非凡，这下更挤得汗流浃背，交通也被堵塞了。

争吵越发不可收拾，眼看就要厮打起来。正德皇帝看得目不转睛，嘴巴半张着。忽然，他扯开嗓子大叫太监刘瑾。

刘瑾急忙从人缝里挤出来，弓着身子听候吩咐。

正德皇帝对刘瑾说：“商家闹了纷争，怎么没有市正调节？”

刘瑾一溜眼，看到一个小内侍正在看热闹，便推搡他去充当市正。

小内侍轻车熟路，上前拉扯住双方，告诫他们切莫骂人斗殴，然后，把二人扯进“廊下家”和解。

正德皇帝欢天喜地，端来一壶酒，伺候他们以酒解仇。

▶图中为掇山，即叠石为山

但是，无人敢享受皇帝的服务，谁也不敢放胆喝，也不敢放胆坐，都翘着屁股。正德皇帝见他们拘束，便叫店里的一个妇人教他们如何入戏。他自己玩得很尽兴，摇摇摆摆逛回正殿去。

廊下家所在的弄堂，称为永巷。这里，樱树掩映，垂杨婆娑，筝音清淙，琴瑟隐隐。但它只是豹房中的一处小小场景。

豹房一共有几百间房屋，相当于紫禁城的1/4，是一个富丽堂皇的大镇子。里面街道纵横，包罗万象，各行各业各司其职，商肆集市鳞次栉比。只不过，这里的诸色人等，均由皇宫内侍扮演，皇帝自己每天也扮演多个不同的角色，商贾是他最喜爱的角色之一。

▲猫、狗、羊等，也是明朝园林中的一员，图为芭蕉白猫

豹房建于公元1507年8月，提议建造这座特别苑囿的人，是太监刘瑾。

刘瑾为把持政务，使皇帝耽于玩乐不能自拔，便提议建造豹房。

皇帝亲自参与了豹房的建设，选址时，把豹房位置确定在西苑，即太液池的所在。这里山青水绿，既安全，位于宫禁之内；又僻静，位于紫禁城之外。

豹房内有船坞舍、音乐坊、军机处、起居楼等。建筑风格有别于紫禁城的格局，不正统，不对称，不规矩，呈现出一种复杂的宫殿结构，有几层外观，有玲珑造型，有错落布局，有前后厅房，有左右厢房，还点缀着大小不一、形状不一的歇房。最为神奇的是，豹房内，还有几十间密室，参差隐现，逶迤相连，犹似迷宫。

作为皇家苑囿，豹房非常庞大，非常豪华。明初时，经济处于重整的状态，政治处于恢复的状态，因此，头两代皇帝都觉得，财力、物力、人力不足，不便建造苑囿，只可修建必要的宫城宫殿。到了第三代皇帝以后，才逐渐有了一些囿。到了正德皇帝时，掀起了大范围的营造。

豹房与其他御苑一样，建在皇城内，属于大内御苑，不仅可以游赏，还可以防御外敌、强化安全。这一点，是明朝皇家园林的重要特点。

豹房强调气势宏大，强调皇家气派。这与宋朝的写意式园林，迥然不同，对照鲜明。

不过，豹房最显著的风格却是：极具野性。

豹房内，有许多豢养区。其中，不仅有美丽的天鹅房，还有凶猛的野兽区。

有一个槛栏中，腥臭味刺鼻、浓重，里面活动着90多只土豹。每一天，它们都要吞噬掉200多斤羊肉。

一旁便是虎城。虎城的建造，极有特色，看起来就像边关的墩堡。虎城中有一个阔厅，原是为老虎避雨避雪而建，不过，老虎在下雪时，反倒总是缓缓地走到萧萧落雪中沉思凝望。每当圆月当空，远望月光下徜徉着几只白额之虎，会感到一种苍凉的神性之美。

一大群狐狸，一大群刺猬，一大群羊，一大群猫，一大群狗等，也都是豹房的爱宠。它们使皇宫中蒸腾着不驯的野气。

而尚无的正德皇帝，恰恰迷恋这种野蛮的气息。他深深地爱上了豹房，直到他的生命终结，他很少再踏上过紫禁城的地面。

扩展阅读

掇山，就是叠石为山，要经过选石、采运、相石、立基、拉底、堆叠中层、结顶等程序。结顶，是掇山的精华部分，造峰势时，追求北雄、中秀、南奇、西险。

◎浴水而出的奇园

江苏人王献臣，敏悟能力超越常人。他在很小的时候，就能随口咏诗，信笔作对，出口成章，才华灼灼。十里八乡都知道他的名字。

王献臣考中进士后，更加精明能干。皇帝很看重他，把他晋升为巡察御史。

有一年，王献臣去东厂巡察。这是一个不好干的差事，因为东厂是臭名昭著、残忍冷酷的特务机构，没人敢去深察。

可是，王献臣坚持要伸张正义，在查出问题后，他铁面无私，如实禀报，严厉处治。东厂的特务头子恼怒不堪，串通官员诬陷王献臣。

▲拙政园内的荷塘

王献臣势单力薄，被捕入狱，连续遭到廷杖的击打，每日都要被用重刑。当他鲜血淋漓时，又被贬到荒凉的岭南。

王献臣勉强坚持到岭南后，在那里当驿丞，掌管驿站的仪仗、车马、迎送，吃尽了苦头，尝尽了压迫。许多年之后，他才被昭雪，被调去当一个知县。

多年的磨难和坎坷，已经让王献臣心生绝望。他再也不想踏入仕途，不想做官。于是，他辞谢了任命，回到家乡苏州，隐入林泉山野中。

此前，王献臣曾做过一个梦，梦见一个很独特的地方。他对这个梦记忆深刻，总也忘不掉。他觉得似曾相识，很想找到梦中的地方。

回乡后，他专门请来一个谙熟地理学的人，在苏州城一带寻找。一日，他们走到苏州城东，蓦地看到一个元朝寺庙，坐落在一块平地上，周围水流缓缓。寺庙被废弃，断壁残垣，极为破落。

王献臣惊讶极了，因为此处与他梦中所见几乎一样。

他毫不犹豫，便买下了这块地，想要精心地营造一番。

王献臣有个朋友，是大名鼎鼎的画家文徵明。他请文徵明做第一版的设计，文徵明设计出了基本面貌和总体风格。

文徵明考察了这块地，发现此处地质松软，不适合多起建筑。

他又发现，此处积水弥漫、湿气很重。于是，他就此提出一个可行的设想：以水为主体，以植物为辅助，因地制宜；将诗画中的隐喻，套进视觉层次中。

▼拙政园阁楼一角

就此，一座典雅的园林别墅，渐渐浮出水面了。它就是震惊中外的拙政园。

由于文徵明非常喜爱植物，他亲手栽植了很多，使拙政园中50%以上的风景，都与植物有关，或者与植物的内涵有关。

海棠春坞内，有株株垂丝海棠、西府海棠，花团锦簇，香气扑鼻。

绣绮亭畔，有朵朵牡丹、芍药，美艳无比。

听松阁下，有棵棵黑松，肃穆幽静。

听雨轩后，有丛丛芭蕉，贞静寂寥。

玲珑馆前，有寿星竹；梧竹幽居，有慈孝竹；得真亭，有紫竹。竹竹修长，青烟流碧。

水是主题。水托浮着整个拙政园。在所有的低洼处，几乎都是片片水影；与高处的山体，两相呼应。

以水造景，不仅亭台间出，廊桥飞架，而且水边河面，还有繁花，还有蕉廊，还有红蓼，还有梅影。一年四季，日日有景，季季如诗。

这成就了拙政园的独特风格：旷远明瑟。

从明朝中期，到清朝，苏州园林是最辉煌的时期。大大小小的园林，散如繁星。而拙政园却一跃而位居苏州园林之巅。

拙政园浴水而出。它的疏朗开阔，明净秀雅，俘获了名流雅士的心。它一建成，就有许多人前来造访。

王献臣与他们齐聚园内，或吟诗，或作画，热闹非凡。

有一日，文徵明看到人景俱旺，便写下了《王氏拙政园记》，还对园中31景进行了诗画记录。

不过，拙政园的辉煌并不长久。王献臣死去后，他的一个儿子继承了此园。这个儿子嗜好赌博，又总是赌输，最终将园子也输掉了。

此后，拙政园历尽沧桑，不断地被买来卖去。

在抗日战争期间，日军飞机几度轰炸苏州，一代名园拙政园遭到致命的损毁。院内，成了野狐狸造窝的地方，成了老鼠盗洞的地方。到处都是厚厚的、滑滑的苔藓，把道路都给遮蔽了。所有的亭阁，都坍塌倾倒；所有的植物，无论是苇，还是荷，都枯败成干草。

后来，有人为它可惜，又进行了修复，成为今日所见的拙政园。

新生的拙政园，有东、中、西三部。

东部，是大门，入内后，北为兰雪堂；堂东为一泓清池；池岸，为芙蓉榭、涵青亭等。还有竹坞曲水，还有松岗山岛，互相映衬，别有情趣。

中部，是主体，绕着水池，假山叠石。山上，有小亭，东为待霜亭，西为雪香云蔚亭。东西相望，顾盼生姿；在空间，又分割了水面。水面的小岛上，有荷风四面亭。

还有远香堂。远香堂是明朝遗存，取周敦颐《爱莲说》中“香远益清”之句，以莲“出淤泥而不染”来自喻人格，反映了文人在失意后的人格心态、文化心态。

西部，是水景，有三十六鸳鸯馆、十八曼陀罗花馆。夏天，临于北池，凝望荷蕖水禽；冬天，倚身南院，静思茶花吐蕊，清芬幽然。

扩展阅读

湖石，玲珑婀娜，多弹子窝；黄石，刚劲有棱，有黄、褐、紫等色；卵石或圆石，浑圆坚硬，呈环状剥落；吸水石或上水石，粗糙多孔，疏松吸水，呈土黄色。

◎被俘皇帝对园林的贡献

元朝灭亡后，蒙古人退回草原旧居，但仍不时驱兵，骚扰明朝边境。

公元1449年，22岁的明英宗朱祁镇在一个太监的怂恿下，要御驾亲征。

无一位大臣支持这个异想天开的想法，均苦口婆心地劝阻。但皇帝硬是不同意。他刚在7月14日通知兵部调集人马，16日就让兵部把20万人马都集合到北京及周边地区，按时出发。

驻扎在各地的将士突然接到集结京畿的命令，连夜行军。补给多不齐全，有的没口粮，有的没战马，有的战车瘸腿，有的弓矛残破。有的士兵干脆什么都没有，跟着队伍跑来跑去。乱七八糟，杂乱无章。

行军一开始，损失就已出现。地方政府虽然接到接待明军的任务，但人马空前之多，仅是招待皇帝和随军大臣就非常吃力，根本无法照管兵卒。士兵们饿急时，便嚼野菜野果充饥。水的问题，始终未得到解决。碰到河流，士兵们便扎入脑袋猛喝，远离河流，就备受煎熬地苦苦支撑。

大军行到居庸关长城时，暴雨从天而降。刚刚还热得直打晃，转眼便冷得直战栗。

拖拖沓沓总算行至宣府，雨水仍旧肆虐，士兵横七竖八地坐卧在泥水草丛中，目光凄惶，四肢无力。

宣府是连接山西大同的一段长城地带。作为京都的屏障，它起到隔绝大漠蒙古军的作用，战略地位极其重要。随军大臣感觉很危险，担心中了蒙古骑兵的埋伏，劝告皇帝回京。

皇帝不听，继续前行，进入了大同。

这时候的皇帝，不那么眉飞色舞了，而是心惊肉跳起来。

▲明朝园林仍向往海山仙境，图为《海屋奇观图》

他看到了一片肃杀凄凉的景象。战死士兵的尸体遍地皆是，还有一些重伤者，躺在尸体堆上，骨肉外露，血水横流。在雨水中，鲜血四处流荡，触目惊心。

皇帝这才感觉到蒙古骑兵的彪悍，他很后悔，急忙下令：退军。

然而，军心已然涣散。到公元1449年8月13日，返程的明军，拖拖拉拉地才走到河北土木堡。而14日，蒙古骑兵不知从哪儿突然冒了出来。到中午11点的时候，已密密实实地围住了皇帝的中军大营。

15日，中秋节，蒙古骑兵发起凶狠袭击，明军死伤无数。就在混乱中，皇帝被抓了。没人知道他是怎么被抓的，一切都稀里糊涂的。

侍从四散，一个叫袁彬的锦衣卫校尉，主动留了下来，主动做了俘虏，侍候皇帝。校尉，是一个小兵；锦衣卫校尉，就是一个小特务。但袁彬官职虽然低微，人品却非常好。

冬天时，皇帝被勒令前往蒙古人在沙漠腹地的大营。时值鹅毛大雪遮天蔽地，已经49岁的袁彬背着23岁的皇帝，一脚深一脚浅地蹚着雪窝向前跋涉。

等到安歇时，由于毳帐敝帏，四面透风，往里吹雪；外面风霾暴兴、雪塞四野，凛冽寒意锥心刺骨。皇帝缩成一团，一动不动。袁彬便躺在皇帝脚下，解开袍服，将皇帝僵冷的双脚暖在怀里。

皇帝想到恐怕回不到北京的都城了，身子抽动着，绝望地哭起来。袁彬便殷殷开导。皇帝哽咽着，在劝慰中方

能睡去。

在做俘虏期间，蒙古军想要攻灭明朝，不断地袭击各地府郡。每一次，都要胁迫皇帝，作为要挟；当战败后，又以皇帝作为挡箭牌。

皇帝每天都处在惊惧中，备受煎熬，极其痛苦。

在做了一年俘虏后，公元1451年8月15日中秋节这天，蒙古军见攻不下明朝，又得不到什么好处，便将皇帝释放了，换回一些绸缎金银。

皇帝苦尽甘来，总算回到了北京。一路上，他感慨万端。

然而，他刚被接进紫禁城后，立刻就被软禁了。

原来，他出征时，让弟弟代理皇位，但是，弟弟想永久称帝，因此，强迫他接受太上皇的称号，把他软禁起来，以免他复位。

皇帝被囚在南内，禁卫军牢牢看守，不准人看望。原有的南内人员全部被肃清；树木全部砍光，形成一条宽阔的隔离带，将他与世隔绝；宫门日夜上锁，锁芯灌铅，递送饮食时，只开一小洞；食物多酸腐；纸笔皆受控，预防与旧臣谋议；同被幽禁的皇后时常缝些针线活儿，请侍卫送出去换些吃食儿。

这一幽禁，就是整整7年。

公元1457年1月16日的一个黑夜，情况终于发生了变化。

凌晨，一伙人悄悄潜至长安门，已有1 000多名禁卫军等在那里。他们用钥匙打开城门，匆匆而入，一路疾行。至南内，他们抬一根巨木撞门墙。门墙毫无反应，他们不敢再撞，担心声响引起惊动，遂去敲门。亦无回应，一些禁卫军翻墙而入，在里面凿墙。外面的人在外面凿。人多势众，一段墙面即成断壁残垣，众人涌入。

宫内寂寥冷清，一两个太监怯怯不敢上前。太上皇朱祁镇一个人举着灯火走出来。多年的磨难，养成了他处乱不惊的性格。他面不改色，问道："何人？"

历史就在这一刻改变了。

原来，这是偷偷迎请太上皇复位的人。这就是历史上著名的"夺门之变"。

朱祁镇废掉了把他囚禁的弟弟，第二次登上皇位，改年号为天顺。

经历了种种困苦、厄运后，皇帝朱祁镇的内心，发生了巨大变化。他开始渴望心灵的舒展，为此，他大规模地修建了西苑。

这是他对园林所作的一大贡献。

西苑在大内御苑中，规模最大。它"脱生"于元朝的太液池。改建后，人工与天然，完美结合。

皇帝向往阔朗之境，他改造了一大片的水，使水中的岛屿，变成了半凸的半岛；半岛上的土台，改成了一圈砖墙，形成"团城"。

太液池的水面，辽阔多了。它向南延伸，成了南海；向北延伸，成了北海。在南海与北海之间，还有一大片的中海。

太液池之东，有凝和殿；太液池之西，有迎翠殿；太液池之北，有太素殿；太液池之南，有昭和殿。它们凌风临水，与琼华岛，互为对景。

西苑富丽堂皇，不过，皇帝朱祁镇并没有与它相伴多久。七年后，他就死了。

但这位俘虏皇帝对西苑的改造，深远地影响了后世。在他之后，有几位明朝皇帝又沿袭他的风格，持续地改造西苑。

其中，有一位皇帝修造的规模最大，对西苑的利用也最彻底。他就是万历皇帝朱翊钧。

万历皇帝10岁登基，太后不放心，对他严管，又命太

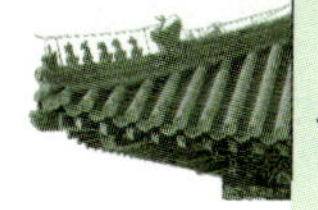

监冯保监督他。冯保非常尽心，小皇帝却很窝心，因为他得不到自由，想去西苑玩耍也去不成。有一个深夜，他在两个小太监的撺掇下，脱下龙袍，穿上紧身的夜行衣，把自己打扮成侠客，提着剑，闯入西苑，恣肆游耍。

小太监看到皇帝醉意正酣，便想利用皇帝报点儿私仇。目标就是太监冯保。冯保一向主张“文治”，不喜“武风”，担心小太监把皇帝带坏，只知拳打脚踢，所以，看见小太监就骂。这会儿，两个小太监便不停地说三道四，指责冯保，把早有积怨的万历皇帝激怒。

皇帝迎头看见冯保派来监视他的太监，命人狠打。他自己也扑过去，把人打成重伤。他又举着剑，骑上马，奔到冯保的住所，对着冯保破口大骂。

第二天，冯保到太后跟前，添油加醋地做汇报。太后惊怒交加，宣称，要废除朱翊钧的皇帝位。万历皇帝闻之，面如土色，一路小跑请罪，跪了一天才算了事。

可是，这并未让皇帝对西苑的向往消停下来。

在他独立掌权后，他在西苑修建了大量的建筑，既有

▼皑皑白雪下的古代园林

射苑、乐成殿、涵碧亭等，又有豹房、虎城、百鸟房等。风格回到了苍莽的商周时期。

西苑门，与紫禁城的西华门，一一相对。从紫禁城走出西华门，就能直接进入西苑，看见那里的森森蒲草，萧萧芦荻，群群水禽，阵阵飞鸟。远眺，便是对岸的树林，苍苍翠翠，深深浅浅。

西苑中，水还是主体，岛仿佛落在水上的星星。

在团城，仙山楼阁缥缈，江南水乡朦胧，既有仙韵，又有野趣。

在琼华岛，广寒殿遥遥向月，叠石巧妙，精致疏朗。

万历皇帝成年后，依旧眷恋西苑。

他是一个性格非常特别的人。他喜欢郑贵妃，郑贵妃长得美，很有思想，很有见地，很会说话，常鼓励他亲政、独立，是他的知己。他带着郑贵妃，常躲在西苑的僻静处，赏景，同时，小声嘀咕、计议。

他们嘀咕什么呢？

是在嘀咕立太子的事。万历皇帝想立郑贵妃的儿子为

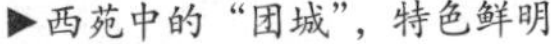
▶西苑中的“团城”，特色鲜明

太子，可是，他原来已经立了太子，是王恭妃之子。王恭妃是宫女出身，皇帝临幸她之后，又嫌弃她出身卑微，想赖账，迫于太后压力，勉强承认了。可皇帝不甘心，一心想废掉太子，太子13岁了，皇帝还不让上学，还把王恭妃幽禁起来，整整10年都不让王恭妃母子相见。朝臣们不断地谏言力争，皇帝还是不让见。王恭妃无辜地受到迫害，身患重病，极其悲惨。等到王恭妃病危时，皇帝才允许太子去见。太子心急火燎赶到景阳宫，却深锁不开。太子又低三下四地去找太监，取钥匙。此时的王恭妃因流泪已经双目失明。本想说话，察觉到屋外有人监视，又不敢出声。母子二人默默相对，极力压抑着痛哭。王恭妃就这样被皇帝和郑贵妃迫害死了。王恭妃一死，皇帝与郑贵妃便在西苑商议出计策，依靠直接下诏的方式，强行改立太子。

可是，他们万万想不到，大臣们根本不接诏，强烈反对。

万历皇帝大怒，予以廷杖。但大臣们还是激烈地反对。

皇帝疯狂起来，越发用刑，并罢黜。结果，有4个首辅、10多个部级官员、300多个中央及地方官员，被牵连进来；有100多人被罢官、解职、发配、廷杖。

但大臣们还是毫不退缩，依旧支持王恭妃之子，不让皇帝胡作非为。

君臣斗争激烈到了不可调和的地步。最后，万历皇帝在生气中，干脆不参加朝会了。整整28年，他都不和大臣们见面。这个气赌得实在很大。

那么，在28年中，他在哪里呢?

他在西苑。

这件事，让世人对万历皇帝的评价不太好，把他视为污点皇帝、昏庸皇帝。实际上，他还是很有作为的。西苑虽然是他和郑贵妃谋议、打发时光的地方，但也是他的政治中心。他并没有完全湮没在山水中，而是躲在背后发号施令，指点天下。历史上有三次抗日援朝战争，唐朝抗日援朝、明朝抗日援朝、清朝抗日援朝。明朝的胜利最大，就是在他的决策、指挥之下取得的。

由于万历皇帝的长期淹留，西苑成为了标志性的皇家苑囿。

虽然在皇城的东南，还有东苑；在皇城的北面，还有万岁山；在皇城的南面，还有南苑。但它们的风头，一直盖不过西苑。

扩展阅读

山体构筑时，要玲珑、安稳、求实；山石组合时，左右为“连”，上下为“接”。石头叠放的名目有很多，如“挎”、“跨”、“拼”、“挑”、“飘”、“卡”、“垂”、“钉”、“扎”等。

◎倒霉的山水设计师

在古代学术经典中，有一部旷世奇书，它就是《园冶》。

古代经典，浩如烟海，林林总总，但园林建筑专著，却只有这一部，唯一的一部。

《园冶》的作者，名叫计成。计成生前，没有得到显赫的声名；死后，更是默默无闻。他被中国整整遗忘了近300年。

计成，是明朝苏州人。他在年轻时，喜欢绘画，很多人都对他的画作感兴趣。他也喜欢出游，喜欢新鲜事物，远涉了燕地、楚地，把自己的画风也带到了那里。

▲《园冶》刊本，计成著

计成是在中年时回到江苏的，在润州（今镇江）居住。当地人喜爱园林，总在园林中用石叠山。

计成跑去看，有些不甚在意。一会儿，他批评道："假山太做作了，很生硬，不自然，不可爱，与真山相比差远了。"

旁边有个人听了，不服气地说："那你能做吗？"

计成自信地回答："那是自然的。"

计成忙活起来，很快，他就垒了一个石壁。

众人见了，惊喜不已，只见石壁浑然天成，不见手工的痕迹。

计成得到了众人的钦佩，他的名声不胫而走。

进士吴玄听说了，便专门请计成为他设计园林。

吴玄买的地，是元朝遗留的一处故园，有15亩，他想用其中的10亩盖住宅，剩下的5亩，模仿宋朝司马光的独乐园。

计成知道吴玄的想法后，因地制宜，掇石而高，搜土而下；在半山腰，种上了乔木，交错参差。

小园修成后，非常奇特。从进门到出门，只有4里地，却囊括了江南的胜景；且蟠根嵌石，宛若画意；依水而上，亭台错落池面；山壑飞廊，无尽美景。

吴玄乐得合不拢嘴，不断地盛赞计成。

计成也非常开心，因为他通过造园，抒发了胸臆，表达了思想。

很快，中翰汪士衡也来请计成设计园林了。

这个园林，叫寤园。计成在造园前，仔细思考了一番，决定将画意融进去。

他年轻时学画，师法关仝、荆浩的笔意，最重山水之意。这时，他便把山水之意，运用到寤园中。

▲计成设计了影园，图为影园模型

他修建了“篆云廊”，随形而弯，依势而曲，或蟠山腰，或穷水际，通花渡壑，蜿蜒无尽。园内高岩曲水，极尽亭台之胜。

园一造成，顿时惊动了当地。

当时的园林风格，很有意思：整体上简约，但门窗却复杂。

计成对门窗很有研究，有许多新的创意。他创造的门窗，有圆形，有卵形，有花形，有树叶形。这些都是前所未有的。

他还创造了奇幻的亭子，俨然梅花一般。

寤园的主人汪士衡很满意。有一天，他邀请计成赴宴。席间，还有进士曹元甫。

曹元甫游赏了寤园，大为心动。他问计成，如何把关仝、荆浩的画境变成现实，用了什么法子？

计成此前撰写了一本书，在听到曹元甫发问后，觉得一两句话解释不清，便将手稿给曹元甫看。

◀野趣盎然的园林一瞥

曹元甫仔细阅读，情不自禁地说："真是前无古人的开创，称"冶"当之无愧！"

计成一听，便将此书命名为《园冶》，刊刻付印。当时，他53岁。

在《园冶》结尾，计成写道，此书将传给两个儿子，以便他们掌握一技之长，能够谋生糊口。

在《园冶》篇首，还有一篇郑元勋写的文章。郑元勋是扬州的进士，计成曾为他设计影园。影园翘首在湖中，在长屿之上。园内，柳影、水影、山影，影影映照，乃一代名园。郑元勋喜欢至极，因此，在得知计成的《园冶》要付诸现实后，便欣然提笔，赞美计成的园林"别现灵幽"。

《园冶》共3卷，分为园说、相地、栏杆、门窗、墙垣、铺地、掇山、选石、借景等篇目，涵盖了造园的各个方面。

计成是一个思想先进的造园师，他提出大胆的想法：以设计师为造园的灵魂、造园的主导。

这是如雷贯耳的声音，是开天辟地的声音。

此前的造园，都是以主人或匠人为主导，设计师的思想可有可无。而计成，却是历史上第一个公开肯定设计师地位的人。这是非常有见地的，是了不起的。

他又说："作为一个设计师，要想设计出好的园林，就要深悟个中三昧，体会心得。”

这是一个独特的观点，也是计成对园林史的贡献！

计成很看重借景，借景是他的拿手好戏。他如此写道：“借景，有远借，有邻借，有仰借，有俯借，应当适时而借。”一个借景，就能深刻地影响园林。

计成本身是一个诗人，因此，他在写《园冶》时，字句极美，极潇洒，诗情浓厚，画意蓊郁。

他这样写道：“构园无格，借景有因……卷帘邀燕子，闲剪轻风……山容蔼蔼，行云故落凭栏……苎衣不耐凉新，池荷香绾；梧叶忽惊秋落，虫草鸣幽。”美得令人心醉。

《园冶》对当代园林的影响，是重大的；书中的8个字——“虽由人作，宛自天开”，被奉为最高的美学原则。

遗憾的是，《园冶》在问世时，却无人关注，明珠暗投，饱受冷落。到了清朝时，只有李渔一个人提过它，基本泛不起任何涟漪。计成就像一缕云烟，很快就被时人淡忘了。

《园冶》之所以不被重视，是因为它诞生于明朝末年，当时战乱频仍，没人关注园林书籍。另外，书中序言是阮大铖写的，而阮大铖在明朝灭亡后，投降了清朝，被世人诟病、唾弃，此书受到牵连，也被划入了“黑名单”，湮灭在历史深处。计成因此而成了一位倒霉的设计师。

扩展阅读

“模山范水”，是园林的骨架。任何一个古代园林，都不能离开山水：有的以山为主，有的以水为主，有的山水兼备。现代园林也推崇“山因水活，水随山转”。

◎把山叠起来的人

小的时候，张涟被称为绘画天才。他仿佛有这方面的天赋，临摹点染，出神入化。可他并不骄傲，还虚心学画，异常刻苦，每日都不停笔，朝朝暮暮，废寝忘食。

学画还不到3年，张涟就出师了，即便是信手涂鸦，也有几分其师之风。

张涟的人物画栩栩如生，纤毫不差。他也喜欢绘画山水，这为他日后开始造园生涯，打下了深厚的基础。

江南的园林，在明朝万历年间最为繁盛。张涟在画山水时，为了达到逼真的效果，便去观察园林。结果，来来往往间，他对园林产生了浓厚的兴趣。

他留心园林的筑山理水，分析出了原理。他很开心，试着用山水画法去堆山叠石。时间一久，他竟然形成了自己的独特风格。

他每置一景，都要将画理融进去，别出心裁，就像画面一样。看到的人，都很惊讶，顷刻就被征服了，他的名声也越来越大。

就这样，张涟由一个画家变成了一个园林家。

在江南，很流行叠石，叠石的名师被称为“山师”，身

◀灵动的假山，仿佛有了灵魂

价很高。而在诸多的山师中，名气最大的，就是张涟。

张涟性情很好。他又黑，又矮，又胖，但幽默得很，很爱说话。街头巷尾的杂谈，荒诞不经的传说，到了他这里，都能转化成诙谐的笑料。有时候，一些人调笑他，耍弄他，他也不在意，不记恨，不发急，笑后释然。他在交往时，不看对方的门第、地位、贫富，不势利眼，很亲和，总是讲述别人的好，从不讲究别人的不好。所以，几乎人人都喜爱他，敬重他。每年，他都能接到几十个豪富官宦的书信，邀请他，礼聘他。

他是明朝人，明朝灭亡后，清朝创立，他又过渡为清朝人。入清后，他营造或参与督造的名园，有十多个。

其中，有江苏的南园、西园，有嘉兴烟雨楼的假山，有苏州的东园，有山东的偶园，有上海的豫园，有皇家园林畅春园、静明园、清漪园，有西苑的假山，还有松江的塔射园、横云山庄、宿云坞、颐园的假山水池等。

每次造园前，张涟都要先进行实地考察。他要察看地形、地貌、植被的情况，然后，再根据这些情况，构思如何置山，如何置水，如何置古树名木等。

在古代，还没出现规范的设计图纸。张涟也没有设计图，但他胸中有丘壑。在造园时，他高坐在一旁，与访客谈笑风生，同时，指挥工匠忙碌。无论是一石一树，还是一亭一沼，经过他的指挥后，都各得其所，自然天成。

筑山时，他反对模拟整座大山，而是主张从实际出发，根据地势，错之以石。也就是说，要截取大山的一角，使人联想到整座大山；使人站在园林中，能感觉园墙外还有奇峰，自己仿佛处于大山之麓。

这种造园方式，是叠山中的一种流派。

张涟有一个朋友，名气很大，他就是诗人吴伟业。吴伟业对张涟的成就非常认同、佩服，他为张涟写了传记。在传记中，吴伟业还提到，张涟对那些试图模拟整座大山

的设计师，颇为蔑视。

张涟的蔑视，是有理由的，因为他叠出来的山，都非常独特，是园林史上的标志性符号。他从不没完没了地批量叠假山，而是略略地点染；叠山的石头，也不重重累积，而是很分散，很独立，寥落于花亭边，禅意十足，极为静谧。

这样一来，他所设计的园林，山意浓，水意也浓；无论是盆池，还是小山，在几尺内，就有无尽变幻，神奇至极；溪流、飞瀑、湖滩，也都渺渺生烟，在苍翠的绿意中流淌；寺宇、台榭、石桥、亭塔、槛栏，也都是点缀，而不是堆砌，极为传神入画。

张涟的造园思想，极大地影响了园林史，他改变了以往矫揉造作的叠山风格，成为园林史上的一个奇迹。

公元1657年，张涟已经闻名天下。秦德藻慕名而来，请他改造寄畅园。秦德藻是宋朝大文学家秦观的后人。张涟接受了邀请，他指挥匠人细心叠石，将泉水弯曲折入。他仿佛只是略略指点，寄畅园竟然就改变了旧颜，世人皆称奇。

张涟的名声更大了，连皇帝都惊动了，而且，惊动还不是一次两次。

康熙皇帝6次下江南，每一次，都要到寄畅园；乾隆皇帝也6次下江南，每一次，他也必前往寄畅园。

这还不算，乾隆皇帝还让画师随行，将寄畅园描画下来，在回到北京皇宫后，又照着画本仿造了一园，名惠山园，也就是今天的谐趣园，开了克隆园林的先河。

扩展阅读

宋朝后土庙是一处园林，有琼花树一株，树大花繁，洁白可爱。琼花一向是园林中的重要植物，颇受喜爱。宋朝亡国那年，后土庙的琼花突然死去，人皆称奇。

◎园林里的冤屈往事

在无锡惠山东麓，有一个惠山寺，是间简陋的僧舍。

一日，南京兵部尚书秦金来到这里，他进入僧房，又独行于空地，感觉非常好。他突然萌生想法，想要在此营建一个小园林。

他买下了这块地，把想法付诸实践。然后，为园林取名为凤谷行窝。“行窝”，是自谦的意思，与别业、别墅的含义大致一样。

凤谷行窝很小，中央的水池却很大。古木繁多，倒映在泉流中，极有气势。

秦金死后，小园归族孙秦梁。秦梁也很喜欢这个地方，常常坐着小船，到那里栽花种竹。有时，还携友人同往，饮酒赋诗。

秦梁之后，秦梁的族侄秦燿，开始打理小园。

秦燿是博学之士，在中了进士后，入朝为官。他兢兢业业，积极肯干，协助丞相改革新政，颇有成绩。他还讨平了南部的起义，立下功勋，被擢为副都御史、湖南巡抚。

他到任湖广后，看到旱灾蔓延，颗粒无收，难民遍野，饿殍无数；瘟疫四下流行，尸体横七竖八。秦燿立刻赈济

▶寄畅园模拟图，“一池三山”模式

灾民，予以安抚，解决问题，无数灾民获得了重生，感激涕零。

然而，当丞相死后，秦燿失去了支持者，他的政敌对他嫉恨，便肆意攻击他，诬告他侵吞钱粮1.5万两。朝廷闻讯，未经查证，就将他革职了。

秦燿大受打击，悲愤不平，但却毫无办法。

他黯然回乡。由于心灰意冷，他把精力都放在凤谷行窝上。

他一门心思地改造凤谷行窝，一直改造了整整10年。园成，他想起王羲之的一句话——“寄畅山水阴”，便把园子改名为寄畅园。

寄畅园中，新建了含贞斋、卧云堂等。其中，含贞斋是书斋，有孤松相伴，秦燿的日子多在这里度过。他吟诗道：“盘桓抚孤松，千载怀渊明。岁寒挺高洁，吾自含吾贞。”

显然，在令人愤慨的遭遇中，他已经向往隐居生活了。

秦燿无尽惆怅，再也没有出仕。

他在离世后，寄畅园传给了4个儿子。一代名园分崩离析，面临分裂消亡的局面。

值得庆幸的是，到秦燿的曾孙秦德藻时，秦德藻注意到了这个问题，他即刻请名师张涟将园子合并。张涟又给园子增添了新意，挽救了寄畅园，使它更加名扬天下。

经过张涟的改造后，寄畅园的堆山理水，达到了极致。

园里有悬淙涧，又名八音涧，长36米，有一人多高。它是黄石叠成的，黄石壁立两侧，很突兀，很挺拔。石涧时而宽，时而窄，宛转，屈曲。涧中，有一股清泉，潺潺流淌。流水从山石孔洞流入流出，不断地迂回，不停地撞击，形成了一种好听的乐声，恰似用金、石、丝、竹、匏、土、革、木等8种乐器发出的声音。

还有鹤步滩，也是黄石叠成的。它一边贴着水，一边

▲珍贵的《寄畅园图册》

▲雍正皇帝像

靠着山，错落有致。池边有许多小石块，向水中弥散而去。它是山体的过渡，是山脚、石路、驳岸的结合，很巧妙，也很自然。

寄畅园修成后，秦德藻回顾前尘往事，想起先祖秦燿被诬陷的事，心潮不能平静。

入夜，他在寄畅园静思，提笔写下一封奏疏，陈述诬陷之事，请求皇帝昭雪。

秦燿生活在明朝，而秦德藻生活在清朝，康熙皇帝在调查后，发现秦燿确实非常清正，便给了这个前朝人公正的评价，给他平反了。

康熙皇帝下江南时，特意来到寄畅园，心下大悦，题了许多字。

▲寄畅园中的深邃水石

康熙皇帝心情大好，问秦氏，在子侄中，可有学问好的，可随他进京任事。

秦德藻的长孙秦道然，聪慧好学，被推举出来，跟随康熙皇帝进了皇宫，陪侍九皇子读书；后来，又在九皇子府上，管理事务。

康熙皇帝死后，雍正皇帝夺权。他为巩固地位，用狠毒的手段，处置兄弟。在对付九皇子时，秦道然虽然无辜，但也受到株连，被逮捕了。

雍正皇帝诬陷秦道然，说秦道然是奸臣秦桧的后裔。

秦道然坚决不肯承认，拒绝认罪。

雍正皇帝又诬陷秦道然“仗势作恶，家产饶裕”。

秦道然还是据理力争。但皇帝压根不理，还是把秦道然关入了大牢，还把寄畅园也没收了。

就这样苦熬了13年后，雍正皇帝驾崩了，乾隆皇帝即位。秦道然的儿子含着眼泪，上疏陈情。乾隆皇帝见书后，

下诏，释放秦道然，发还寄畅园。

就这样，冤案总算了结了。

之后，秦氏重整了寄畅园。

园中，山因水活，水以山媚；山水相依，理水为胜。

与其他园林不同，寄畅园的借景非常奇特。它把惠山的景致“借入”园中，从树隙中，可见山上的塔；从水池望去，又可见苍茫的山体。寄畅园的景深，得到了强化；而惠山二泉的水，在入园后，恣肆汪洋，使得烟水弥漫，朦胧娇媚。

扩展阅读

愚公谷是明朝园林，原为僧房，名“听泉山房”，后被改为私园；到提学副使邹迪光手里时，已经几经转手，历经10多年的沧桑。清初，园毁，遍地丛葬、坟屋。

◎两个司礼监特务改造了园林

于经是明朝的一个太监，在皇宫中，担任御马监太监。

御马监太监是什么意思呢？

这要从明朝的政治特征说起。

明朝是一个中央集权化达到极端的朝代，皇帝一人说了算，为避免颠覆之虞，丞相的职位也被废除。这样一来，闲得冒油的太监们无形中就获得了旁落的政权，掌管起全国的政治来。这些看着不起眼的太监，“无丞相之名而有丞相之实”。太监们行使权力时，还有一个专门的机构，这就是司礼监。在司礼监中，御马监太监有着很高的地位。由于司礼监又掌管着特务情报机构——东厂，因此，御马监太监也是一个高级特务主管。

也就是说，于经还是一个大特务头子。

于经和东厂的其他特务头子一样，都有侦缉的任务。他派出了许多小太监，铺天盖地潜伏到宫禁、京畿、边塞，覆盖到城市、乡镇、荒村，甚至遍及遥远的山川、河道、高原。这些小太监、小特务，都能恣意行使拘役权、审讯权、处决权。于经作为特务主管，更是享有各种特权。他权力很大，仅是利用税收和开商店，就侵吞了很多钱财。

▼寺观园林中的红墙和绿植

公元1521年，于经在搜刮之余，跑到香山消遣。

一入香山，但见树木苍翠，溪流潺潺，一片清幽，一片静怡。山上，杏树成林，杏花粉粉白白，开得漫山遍野，香气流淌，飘浮在空气中。

于经心情很好，慢悠悠地踱进了碧云寺。寺中，庄严肃静，古木森森，佛像沉静。于经蓦地心下一动，他觉得，这里是一块风水宝地呀。

他四处转了转，感觉唯一不足的是，寺院太小了。

他再不犹豫了，匆匆下山。回去后，他把搜刮得来的钱财点数了一下，然后，拿出一部分，让人去扩建碧云寺。

碧云寺，静立在香山南麓，是元朝遗物。元朝人依照藏族的扎什伦布寺，建造而成，无论是布局，还是造型，都散发着浓郁的藏风。

于经扩建碧云寺后，寺院的主体，有前殿，有清净法智殿；并增建了两层大白台；后面连接着4层大红台；再后面，则是7层八角形的琉璃塔。

建筑群的排列，像一群钢铁士兵，壮观至极，乃“西山诸寺之冠”。这下子，时人蜂拥而至，香山再不寂寞了。

于经死后，又过了100多年，司礼监又出现了一个大特务，他也对碧云寺大感兴趣。

这个太监，就是魏忠贤。

魏忠贤长相漂亮，秀颀俊伟，有文艺气质。他的母亲，是杂技演员，父亲是乡村艺术家。得自遗传和熏陶，他既擅歌乐，又长棋艺，颇似现在的文学青年。更重要的是，他心思巧妙，“言辞佞利”，极会讨人欢心。天启皇帝刚刚16岁，难敌他的巧言令色。在他的引导下，只贪欢纵欲，宫中一应事务，俱付于他。

天启皇帝在幼年时，曾饱受欺凌，因无人做伴，总于角落里拾木造物。魏忠贤投其所好，专门为皇帝开辟出几间木匠工作室，伺候皇帝劈刨锯磨，讨皇帝欢心。皇帝推刨花推得上瘾，把朝中诸事，也都交付给魏忠贤。

魏忠贤在极短的时间内，把自己打造成一个无冕皇帝。他还掌控东厂，掌控大小特务的命运。他飞扬跋扈，不可一世。他颇爱吃狗肉，他侄子颇爱吃猪蹄，他便召集一大帮狗腿子坐卧到神圣的乾清宫内，大荤大腥地大吃大嚼，大杯大盏地大呼大叫。

逢到他出游时，仪仗俨若圣驾，羽幢青盖，四马若飞，未见其人，先闻铙鼓鸣镝之声隐隐轰鸣在黄土尘埃中。待辇轿近前，只见两侧奔驰着层层锦衣卫缇骑，皆右手握刀，左手持缰，整齐威武，玉带飘扬。后面还跟随着大堆的厨子、优伶、百戏演员和奴仆，浩浩荡荡有万人之多。若有哪个地方官不恭迎而拜，格杀勿论。

有一天，魏忠贤依旧阵势庞大地出游。巧的是，他来到香山后，一眼望去，竟也被碧云寺俘虏了。

他的目光再也离不开碧云寺。按照他的骄奢淫逸，他觉得碧云寺仍旧不够堂皇，便命人着手营建。

魏忠贤掌握重权，财力自然比于经雄厚，他对碧云寺

▼花树掩映中的寺观园林建筑

▼明朝皇家寺观园林规划图

的改造，也是不遗余力的。因此，碧云寺出落得更加壮美了。

经过两代大特务的经营，碧云寺有了6进的院落，层层向上，层层递增，非常有意思。

每进院落，都迥然不同，形状不同。但整体，又都和谐。美感幽深，层出不穷。

寺中，有一个水泉院，清泉汩汩，绕石流淌。白色的水气，流荡在苍松间，又神秘，又幽静。

整个寺院，依山而起，逐渐增高，然而，寺院又没有完全暴露，而是半遮半掩，迷迷离离。

这是因为，在造园时，采用了回旋串联的方式。寺院台地的落差，有100多米；院落层层叠叠，好像在平地上展开似的，不显得突兀；合院的组合，又是方形和半圆形的围合，更缓和了落差感、高低对比感。

到了清朝，碧云寺又被大规模修建了一次。自此，碧云寺与香山寺、昭庙等，都成为香山上的重要佛教道场。

清朝的碧云寺，北面是静宜园，是著名的皇家行宫苑囿。有内垣、外垣和别垣三部分。内垣，山势陡峭，石径嶙峋，崖壁惊险；外垣，乃高山区，海拔很高，氧气稀薄，有香雾窟、鬼见愁等景致，可一览群峰万岭。其间，散落着山岩、洞溪、林木花卉、亭台楼阁。这是一座典型的山林苑囿，而碧云寺，就是它的一缕灵魂。

扩展阅读

园林有简有繁，有的一园唯一景。明朝苜蓿园就只有苜蓿；梅花岭只有梅花。民族英雄史可法被捕后，不屈而死，遗言道："我死，当葬梅花岭上。"园林成为埋葬英雄衣冠之所。

◎悲泣的景山

公元1476年，成化皇帝朱见深正沉迷丹术。他想获得长生不老之法，让太监们出宫访寻。有几个太监访到一个道术专家，名叫李子龙，将其引入内廷。

李子龙出身复杂，虽然自称为道士，但这其实是一个假身份。他的真实身份是一个武装叛乱集团的头目，他想颠覆明朝，自己称帝。

在取得太监们的信任后，李子龙大摇大摆地穿越重重宫院，直闯内府，进入至为机密的万岁山。他夜察宫廷，时刻为发动袭击做准备。

万岁山，是明朝第二代皇帝修建的园林。

为什么修建万岁山呢？

原因是，皇帝们很迷信，他们根据“苍龙、白虎、朱雀、玄武，天之四灵，以正四方”的说法，认为紫禁城之北是玄武的位置，应当有山。所以，他们便下令挖掘了筒子河、太液池、南海，然后，用挖出的泥土堆积成5座山峰，作为大内的“镇山”，也叫“万岁山”。

▼明朝宫苑中的三彩柿子罐

山中，有许多果树，又叫百果园。花团锦簇，皇帝于花间饮酒；果实累累，嫔妃于叶间流连。

观德殿，是射箭之所。附近还有一群群的鹤、鹿，不仅可以射猎，它们也寓意长寿。每一年的重阳节，皇帝都要登殿远眺。

可是，当李子龙入宫后，万岁山突然发生了变化。

宫廷值宿人员总是遭遇一些神秘现象，逢月圆之时，在固定的时辰，宫院上空会突然黑眚飘浮，极为诡异恐怖；并时常有人惊见，有亦犬亦狐之怪兽隐现。

当值人员吓得汗毛直竖，后脊梁上凉飕飕的。由于人心惶惶，很多人都告假了。

▲《履园丛话》强调园林营造要有“起承转合”

30岁的成化皇帝闻之，吓得整夜不眠，命东厂和锦衣卫调查此事。

锦衣卫虽然邪恶，但在调查侦缉方面，却十分在行，非常职业化。

很快，锦衣卫就得出结论，应该是有人暗中作祟。

锦衣卫选派了众多校尉，封锁住万岁山，进行地毯式搜索。无论是楼台水榭，还是假山石洞，都仔细地检查。最终，他们发现了可疑物：在石窟中，有黑色粉尘；从几棵花树的纤枝上，找到几根不惹人注意的兽毛。

经检验，黑色粉末的成分中含有火药，可利用它制作简易爆炸装置，炸后不响，只冒出黑烟；兽毛为野狐之毛，干枯失色，已不新鲜，应来自剥下数年的狐皮。由此可见，是有人披着兽皮蓄意装神弄鬼，有所图谋。

又进行了一番秘密侦缉，锦衣卫最终确定，背后捣鬼的人，就是李子龙。李子龙放烟装鬼，是想使宫中产生畏惧怯战的情绪，然后再进行手刃战，一举攻克皇宫。

锦衣卫毫不犹豫，即刻出击，包围了李子龙的住处。

李子龙拒不承认有谋逆之举，声称如果京都不欢迎道术，他和他的弟子们可以离开这里，远涉西域。

锦衣卫不准，直接抓捕，塞进诏狱。两日后，一批尸体被清出来。此后，万岁山宁静了，再也没有诡异现象。

但是，到了明末时，又一件大事发生在了万岁山，虽不诡异，但很悲怆。

事件与崇祯皇帝有关。

崇祯皇帝是一个勤政的皇帝，极力想振作朝纲，勤奋刻苦，事必躬亲。他平反了很多冤狱，整饬了边政。但是，由于矛盾交织、积弊深重，他无法在短期内使政局根本好转。

他又重用了一批太监，大批太监被派往地方重镇，凌驾于地方督抚之上。统治集团矛盾日益加剧。他不断反省，但最终无法挽救明王朝于危亡中。

公元1644年，起义军和清军两股势力，逼近了北京。明军既要与起义军对阵，同时，还要与清军对阵，结果，两条战线都战斗力不足，屡战屡败。

到了3月18日晚，崇祯皇帝带着贴身太监王承恩默默出行，登上万岁山。他远望城外的连天烽火，哀声长叹，徘徊无语。

他自知回天无力，明朝的灭亡已成定数。回宫后，他黯然半晌，之后，他命周皇后、袁贵妃和3个皇子入宫。他简单地叮嘱了皇子们几句，让太监将他们分别送出宫去避藏。

然后，他哭着对周皇后说："你是国母，理应殉国。"

周皇后流泪道："我跟从皇上十八年，皇上从没有听过我一句话，以致有今日。现在皇上命我死，我怎么敢不死？"说完，她解带自缢了。

▼细密宏大的皇家园林模拟图

崇祯皇帝转过脸，又对袁贵妃说："你也随皇后去吧。"

袁贵妃哭着拜别，也自缢了。

皇帝又召来15岁的长平公主，叹息道："你为什么要降生在帝王家啊。"遂左袖遮脸，右手拔刀，挥刀砍向长平公主。长平公主左臂中刀。皇帝又砍右肩，长平公主昏死过去。

皇帝悲痛发狂，举刀又砍死了好几个妃嫔。然后，他还命人去催他嫂子张皇后自尽。张皇后隔帘涕泣，向他拜了几拜后，悬梁而亡。

▲明朝宫苑中的黄绿釉供案

19日，凌晨，天蒙蒙亮，起义军杀入了北京城。崇祯皇帝含恨咬破手指，写下一道血书，告诉起义军将领，他可以任由宰割分尸，但请勿伤害百姓。

之后，崇祯皇帝将血书掖入衣襟，再次前往万岁山。

华美大气的万岁山，笼罩上了悲伤的阴影。

在万岁山的中峰后面，有一个寿皇殿，仿造太庙所建，宏伟、辉煌、肃穆，自成格局。在寿皇殿东，是永恩殿、观德殿，乃帝王的习射之所。崇祯皇帝上山后，就在这里徘徊，悲叹。

在寿皇殿和永恩殿之间，有一棵老槐树。他看了一会儿，走过去，把发髻披散，遮住脸庞，表示无颜见地下先祖，然后上吊了。

太监王承恩一个人跟随而来，看到皇帝自缢而死，痛哭不已。一会儿，他走到对面的树上，也吊死了。

清军入关后，为了笼络人心，追悼崇祯皇帝，将无辜的槐树称为"罪槐"，还用铁链锁住；并规定，凡是清室皇族成员，在路过此处时，都要下马步行，以示对崇祯皇帝的尊重。

公元1655年，清朝将万岁山改称“景山”。

公元1680年，在一个明媚的早春，康熙皇帝来到景山，眺望京都。只见晨雾缭绕，霞光流云，一派春色。他喜不自禁，欢快地作诗一首，早就忘掉了景山的悲伤往事。

扩展阅读

清朝钱泳著《履园丛话》，说：“造园如作诗文，必使曲折有法，前后呼应，最忌堆砌，最忌错杂，方称佳构。”他强调，如果没有“起承转合”，园林就没有意味。

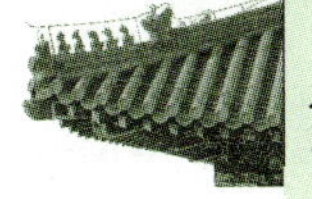

◎1个山庄，89年岁月

在一片水草丰美的河边，野花点点，摇曳不停。一群八旗兵踏香而行，进入了一大片密林，他们是来打猎的。为了引诱雌鹿，他们头戴雄鹿角，藏身在重重树叶后面，学雄鹿的叫声。当雌鹿闻声而来时，他们立刻以迅雷不及掩耳之势，拉弓射箭，雌鹿倒在了灌木中。

这是发生在木兰围场的一幕。在满语中，木兰的意思，是“哨鹿”。

木兰围场有1万多平方千米，它是康熙皇帝为了增强军事实力，锻炼军队，巩固边防，而在河北开辟的。

每一年，皇帝都会前往木兰围场。队伍浩浩荡荡，既有王公大臣，也有八旗军队，还有后宫妃嫔。

◀康熙皇帝像

为了解决这几万人的吃住，朝廷又在北京至木兰围场之间，修建了21座行宫。热河行宫，也就是避暑山庄，是最著名的一个。

避暑山庄海拔较高，在夏天时，异常凉快。因此，它也被称为夏宫。

▲避暑山庄模拟图

山庄中，有三十六景，康熙皇帝非常喜欢，一一都亲自题写了一遍。

然而，山庄只完成了骨架，细节并未来得及充实。因为皇子们正在争夺储位，内斗极其激烈，已经顾不上山庄建设了。

康熙皇帝的第四子，在内斗中，表现最为和气。他很能隐忍，日夜诵读释教道学，自称是“天下第一闲人”，还非常孝顺，礼数周到。康熙皇帝很满意。其实，暗地里，这位四皇子却在强化武装力量，扩大势力，暗暗图谋。康熙皇帝不知，就把皇位传给了他。于是，这位四皇子，就成为了雍正皇帝。

▲避暑山庄中的烟雨楼

雍正皇帝继位后，还是顾不上营建避暑山庄，因为他正忙着铲除异己，向兄弟们下毒手。

他把八皇子削籍、圈禁，改名为“阿其那”，意思是“待宰的鱼”；他把九皇子也削籍、圈禁，改名为“塞思黑”，意思是“讨厌的人”；他把十皇子关起来；把十四皇子派去守陵、关押，把十二皇子降爵，把三皇子革爵、关押。

▲秀丽如梦的水心榭

他在位只有13年，这些年，他为干掉这些兄弟们，忙得没有余暇。他

几乎从未打过猎，从未去过木兰围场。不过，他知道木兰围场蕴含着一定的军事意义，因此，他下诏：后代子孙，当习武木兰，毋忘家法。

当乾隆皇帝继位后，以这条诏令为宗旨，重视木兰围场，并把它扩大了。避暑山庄也得到了完善。

历经89年，避暑山庄终于露出了最美的容颜。

由于皇帝们的情趣不同，思想不同，避暑山庄也呈现出不同的风格。

康熙时的风格，重自然山水；梁柱朴素，不施彩绘、油漆，极为淡雅。

乾隆时的风格，重人工雕琢；屋顶使用了琉璃瓦，栋梁也有了艳丽的装饰。

最成功的地方是，增设的寺庙，位置恰当，使山庄能够借景。另外，庙宇使用的琉璃构件，有红、黄、绿、黑、白等，色彩绚烂，流光四溢。既有汉族情调，也有藏族风味。

避暑山庄，包括平原、山地；分为宫殿区、湖区、平原区、山地区。

宫殿的总体布局，是宫廷式的，大气，恢弘；但宫里面的房屋，却是民居式的，朴素，简洁。

乾隆皇帝评价避暑山庄，说山庄是“以山名，而趣实在水”。也就是说，水是山庄的主旋律。

在理水上，山庄分散用水、化整为零，把水面分成8个湖，大大小小，奇形怪状，各自独立，又相互勾连。有些来无影去无踪，隐约迷离的幻觉。

山庄是“一池三山”的模式。但又不照搬旧法，而是把许多小岛、水榭，镶嵌在水上。

芝径云堤，连接着湖泊与宫殿。它的形状，似一株灵芝仙草，又似连缀着的绵绵云朵。

月色江声岛，连接着芝径云堤。格外静谧，格外清静，仿佛与世隔绝。皇帝每次来到山庄，都在此处静思，他把这里当成独处的空间，静坐修心。

水心榭，是一字排开的3座水榭。它其实是一个水闸，控制水位，以便在银湖中栽荷花。只是，它很离奇，好像“漂”在水面上，周遭宁静，建筑稀少，人烟寥落，显得很清幽。这是理水与造景结合的杰作。

皇妃们来到山庄后，都住在如意洲。皇太后也住在这里。这是最大的岛，岛上有北方的四合院，也有江南的小景，既古雅，又玲珑。

清莲岛，安卧在如意洲之北。上有一座楼阁，双层，名烟雨楼。“烟雨”二字，取自唐朝诗人杜牧的诗句：“南朝四百八十寺，多少楼台烟雨中。”乾隆南巡时，在浙江，恰逢楼在烟雨中，有绝世之美，便命画师描摹下来，在避暑山庄“复制”了它。

扩展阅读

许多名山都对园林的设计起到了启迪作用。黄山有“泰岱之雄伟、华山之险峻、衡岳之烟云、匡庐之飞瀑、雁荡之巧石、峨嵋之清秀”，给造园师们以无尽的灵感。

◎瘦瘦的瘦西湖

作为一个诗人，汪沆是非常有特色的。

他是浙江人，有一年，他远涉天津，与人主修《天津府志》、《天津县志》。他的学识，极为深奥、渊博，在修志过程中，无论是典章制度，还是草木虫鱼，都核查得很精细，很详尽。

他认真到了极致，撰写到的点点滴滴，他都要弄明白，搞清楚。

对于他来讲，修志就像科学考察。无论多么辛苦，无论写什么，他都要身临其境，进行实地勘验。

在写到灵慈宫卖小金鱼的情景时，他也在酷暑的天气里大汗淋漓地跑过去，一丝不苟地观察。由此，他写下了这样的诗句："琉璃瓶脆高擎过，争买朱砂一寸鱼。"别样生动，别样真切。

这种实地考察，使得他的诗句，在古诗词中，算得上是独树一帜的了。

当修志结束后，他也写了大约100首风俗诗，也就是竹枝词。别具特色，诗意很美，考证很足。

其中，有一首诗，名扬天下。写的是关于扬州城西北的景致。

扬州自古便蒙上了园林的面纱。春秋时期，吴王夫差在扬州筑城，掀开了繁华的第一页；隋朝时，隋炀帝开凿大运河，在扬州兴建了宫苑；唐朝时，营建更为频繁；到了宋朝，扬州的版图小了，繁华差了；等到元朝时，在园林的低潮期，扬州也黯然无光；此后，由于手工业、商业进一步发展，扬州园林忽地迎来黄金时代；清朝时，乾隆皇帝屡次下江南，扬州的盐商为了迎奉皇帝，拼命地建造亭台楼阁、花草石木。由此，扬州形成了二十四景，"两堤

▲盆景是发达园林的产物

花柳全依水，一路楼台直到山”，盛况空前。

汪沆在往来于天津、扬州、杭州之间时，对扬州之湖、杭州之湖进行了观察，有一种燕瘦环肥的感觉；而扬州之湖，别有一种清瘦之风。

于是，他这样写道：“垂杨不断接残芜，雁齿虹桥俨画图。也是销金一锅子，故应唤作瘦西湖。”

寥寥28个字，生动地概括了扬州湖景的清瘦、纤丽。而“瘦西湖”这个名称，也不胫而走，广泛流传。

瘦西湖的美，可以归纳为一个字——“瘦”。

人瘦，则亭亭玉立，婀娜多姿；水瘦，则轻盈灵动，玲珑剔透。

如果杭州的西湖是一个绰约的少妇，那么，扬州的瘦西湖就是一个清丽的少女。

瘦西湖，周遭无高山，楼台皆细巧，厅榭皆精致。

瘦西湖内，有一个园中园，叫静香书屋。外形，是徽州传统民居，青色的瓦，白色的墙，格外娇媚。

瘦西湖的标志，是亭桥。亭桥上，有5座风亭，似5朵出水的清荷；亭桥外，悬着风铃，微风掠过，叮叮作响；

▶《扬州四景图》，再现了扬州山水的雅致

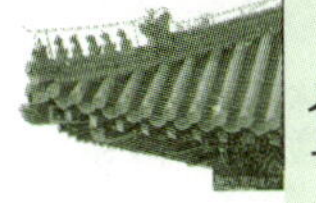

▲古人所绘扬州湖水，极为清丽

亭桥下，有 15 个桥洞，洞洞相连，洞洞呼应。月圆之夜，每洞各衔一月，众月沉浮水面，莫可名状。

凫庄，四面临水。它很小，却有水榭，却有亭台，日夜依水弄影。它好像一只野鸭，浮在水上，衬托着五亭桥、白塔。

二十四桥，最是唯美。它由落帆栈道、单孔拱桥、九曲桥、吹箫亭，联合组成。

它为什么叫“二十四桥”呢?

这是因为唐朝诗人杜牧的诗句——“青山隐隐水迢迢，秋尽江南草未凋。二十四桥明月夜，玉人何处教吹箫。”这种朦胧静美的意境，打动了造园者，因此，给它取名二十四桥。

在瘦西湖，植物是它的灵魂。扬州天气温润，花木繁盛，琼花锦簇，芍药掩映。花木不再是附属地位，而是瘦西湖的主角。

如果说水是瘦西湖的血脉，那么，花木就是瘦西湖的毛发。花木传达着情感，传达着思想，传达着美。

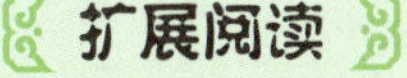

扩展阅读

扬州盆景很古老，清朝时有两类：一为花树盆景，有松、柏、梅、黄杨、虎刺等花树；一为盆中立石，有黄石、宣石、湖石、灵璧石等，石中有细流，乃山水盆景。

◎清朝作家选择植物的标准

李渔生于明末清初，身为著名的文学家，他的学业却并不顺利。

他29岁时，去参加乡试，竟名落孙山。这对他来讲，是一个沉重打击。他愤愤不平，满腹牢骚。到了第二年，还在作诗慨叹。

当李渔再次应试时，又遇到了波折。

他向京城赶路时，被告知，清朝铁骑正横扫江南，明朝风雨飘摇，顾不上考试了。他听了，大惊，大叹。想到求取功名之路再度受阻，他心灰意冷，瞭望山川，分外怅惘。

▲巧妙的借景窗

清明节这天，李渔去祭扫先祖之墓。跪临坟前，他百感交集，长歌当哭："人泪桃花都是血，纸钱心事共成灰。"

在战争最激烈的时候，李渔无处可去，便归隐了故乡。

他前往伊山，开辟了一个草堂，构筑了一个属于自己的小小园林——伊园。

伊园是李渔显示园林技艺的第一个作品，内有廊、轩、桥、亭等，各依地势，匠心独运。

▼水仙为造园者所喜爱，图为青玉水仙

伊园门外有山，窗外临水，水中有岛，岛上有亭，亭间有迂径、踏影廊。

李渔根据地形、水流，栽植了很多种植物，如桔、秋、花等。

他还在伊园养了一大群鸡，酿了好多的酒。他很开心，想要效仿唐朝诗人王维，在园林中隐居，老死。

之后，李渔又在村口倡建了一个凉亭，以便奔波的行人，有落脚休憩的地方。这个过路凉亭，被誉为中国十大过路凉亭之一。

李渔还倡修了水利，兴建了石坪坝等，村民至今仍在

受益。

就在3年后，李渔在兴修水利时，却发生了意外。

他与邻村发生了一场诉讼官司，不得已，卖掉了伊园，移往杭州。等他几年后经过故乡时，得知伊园被屡次买卖，模样大改、破落，不禁神伤。

李渔在杭州的日子，也不好过。几乎到了举步维艰、穷途欲哭的地步。

为了生存，他开始“卖文字”。这在当时，是一种“贱业”。但他已经无法在意了，他成为历史上第一个“卖赋糊口”的专业作家。

他发明了喜剧风格的戏剧，雅俗共赏，通俗易懂。刚被人买走，就惊动了一大片，很快，更多的人前来购买，他竟然供不应求。

李渔成为古代戏剧史上第一个，也是唯一一个从事喜剧创作的职业作家。后世推崇他为“世界喜剧大师”。

卖文所得，终究有限。李渔心想，南京是文人荟萃的地方，没准儿会有更多的机会。于是，他搬迁到了南京。

他买下一个小屋，因“地止一丘”，他命名为芥子园。意思是：芥子虽小，能纳须弥。

为了生计，李渔又开始了心酸的奔走。他交结官吏，以获取馈赠、资助。在这个过程中，他走过了很多地方，而他每到一地，都要在烟霞竹石间徘徊、流连。面对大自然，他感慨万端，称大自然为“古今第一才人”。

他说：“才情者，人心之山水；山水者，天地之才情。”

他把对大自然的深入观察，移植到造园中去，把他的芥子园建得别有情趣。

这个小小的园庭，可谓“半潭秋水一房山”。

它有阁，可窥钟山气色；有浮白轩，轩上有他自创的借景窗——“尺幅窗”；有假山，山上也设有借景窗——“梅窗”；有月榭、歌台等。

▲娇艳婀娜的荷花是古代造园者的重要选择

李渔对植物兴趣极大，芥子园虽小，却植物丰茂。

他凿了“斗大一池”，种上了清逸的荷花。

他开垦出一片黑土，植了几株高大的石榴花。

他典当了家中首饰，买来了优雅的水仙花。

明清士大夫对园林植物的选择标准是：以花木喻人。李渔的芥子园，便遵循了这个标准。

他植入了荷花，代表出淤泥而不染的高洁人格。

他植入了石榴花，代表热烈的激情，积极向上的精神。

他植入了水仙花，代表飘逸脱尘的超然情怀，又寓意出世思想。

李渔把自己的植物选择标准、造园经验，都写入了《闲情偶寄》一书。

《闲情偶寄》是中国第一部倡导休闲文化的专著，有8部，其中的一部，就是“种植”篇，是探究园林营造的方便捷径。

芥子园建成后，李渔一家已经穷得吃不饱饭。为维持衣食之需，李渔混迹公卿大夫间，以便获取生活资源。

有一些正统的文人，对李渔的生活方式，颇为瞧不起，鄙斥他“有文无行”。

面对这种世俗偏见，李渔没有辩解，也没有愤怒，他只是平静地说：“是非者，千古之定评。”

李渔67岁时，为了便于儿子应试，决心离开芥子园，迁回杭州。

可是，迁居要有搬家费、路费呀。

怎么办呢?

李渔一筹莫展。最后，他把自己的衣服、家眷的头簪珥珰都当掉了，总算凑够了搬家费。他又把芥子园中的建筑拆除了一部分，凑够了路费。

当他临走时，芥子园已经面目全非。他回头望去，满心凄楚。

抵达杭州后，他穷愁潦倒，无可奈何。幸亏有当地官员的资助，他才买下了吴山东北麓的一个地方。

他打算把这个地方营建成层园。但过于劳累，他在劳作时，突然失足，摔落阶梯，筋骨受伤，行动不便。

李渔贫病交加，而层园还是一个荒山，庐舍全无，尽是野草。

李渔只好提笔，向京师的一位旧友写信，述说了情况。

这是一封公开信，读之，令人痛心。一些朋友、官员纷纷出资相助。

第二年，李渔总算把层园修出大致的模样，有了几间房屋。但颓败得很，不足以遮挡烈日暴雨。夜间，还有盗

◀仿古代园林的荷花池

贼出没。

景色却还是很好。李渔选中了“前门湖水后江潮”的山地。他充分地利用这里的环境，采用了多种借景手法，如远借、仰借、邻借、俯借等。配合借景法，他种了一些植物。远山远水，看起来很迷人。

“旧业尽抛尘市里，全家移入画图中”。人在坐卧之间，转侧之间，都能饱赏湖山。

然而，李渔并未享受几日层园的景致，就因长年奔波，而再次病倒。

公元1680年，在一个大雪纷飞的凌晨，李渔与世长辞。

扩展阅读

寺观园林八大处建于隋唐，植物茂盛。长安寺白皮松，证果寺黄连木，大悲寺银杏树，树龄超600年。霜后，层林尽染。乾隆诗曰：“寒凝涧口泉犹冻，冷逼枝头鸟不鸣。”

◎从画中“跑”出来的石头

一代画师石涛，是皇族后裔，即明朝开国皇帝从孙的11世孙。

他很不幸，生在明朝即将灭亡、清兵长驱直入之时。当他3岁时，局势已经分外混乱。在皇宫中，他的父亲被杀了。他懵懂无知，茫然无措。一个内官见他可怜，为保住他的性命，把他悄悄背起来，偷偷潜出皇宫。

一路上，这个好心的内官，备尝辛苦。历尽波折和磨难，他们从北京逃亡到了遥远的广西。

为确保安全，内官将石涛送入了密林中的湘山寺，剃发为僧，总算免了杀身之祸。

就这样，石涛从显赫的皇族，沦落为不起眼的贫民。

他遁入空门后，在乏味的日子中，逐渐长大。他不是自愿出家，他向往凡俗生活。他学习了绘画，由于勤奋和天赋使然，竟然颇得赞誉。之后，他便浪迹天涯去了。

石涛37岁时，已经浪迹多年，尝尽人间冷暖，阅尽世态炎凉，这让他的画作更加深刻。等他来到南京时，他几乎已经名满天下了。

此时，明朝早已灭亡，清朝已存在了30多年。石涛在明朝灭亡时，刚刚会说话，什么都不懂。所以，他对清朝的建立，也没有多少怨恨。

▲片石山房平面模拟图

当康熙皇帝南巡时，他高呼万岁，也去跪拜迎接。

康熙皇帝早就听闻了石涛的名声，两度召见他。在第二次召见时，康熙皇帝在众人中，竟然呼出了石涛的名字。石涛受宠若惊，旁人也很艳羡。石涛在倍感荣幸之余，还写下了文字，抒发了意气风发之情。

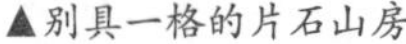
▲别具一格的片石山房

▲片石山房内并不呆板，而是充满灵气

石涛想在仕途上有所发展，他为此专程赶赴北京。遗憾的是，由于他在绘画方面的名气太大，王公贵族只认同他的画作，而不认同他有从政的能力，所以，并不重用他。他很失望，黯然落寞。

51岁时，石涛死了心，离开了北京，乘舟南下，在冬天回到扬州定居。

石涛把自己称为“苦瓜和尚”。他几乎顿顿都要吃苦瓜。他还把苦瓜供奉在案头，顶礼膜拜。

他对苦瓜的不寻常感情，与他的经历、心境有关。他一生颠沛流离，暮年才定居下来，那种苦涩感，与苦瓜韵致，较为相近。

至扬州后，石涛把精力投注到绘画上。

他喜欢翻新作画。黄山云烟，江南水墨，悬崖峭壁，枯树寒鸦，一一都要求新，都要画出别样的意境。

他还喜欢采用“截取法”。用特写的方式，探索深邃之境。

他还喜欢追求气势。他虽然跪迎了康熙皇帝，还与清朝权贵往来，但他终究是明朝皇族，终究隐藏着一丝国破

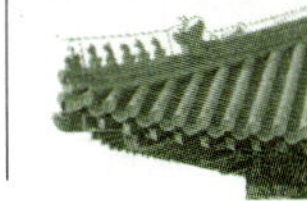

家亡之痛，所以，他的内心，也充满了矛盾。他并未郁积，而是将其倾泻到画作中。如此，他的作品就显得更加沉雄，纵横之间，闪转腾挪，张力十足，动感袭人。

石涛的画风，甚至影响到了现当代的绘画发展。

他还把山水思想融入到园林中，影响了园林的发展。

为了维持生计，石涛为扬州的一些盐商巨贾设计假山。他创立的大石砾，是一个专业的园林设计机构，专门研究叠石造园。它也是中国民间第一个专业的园林设计机构。

诗因画出，园以画生。园林与诗画是姻亲，造园者的诗画水平，直接影响园林品位。而石涛，既是山水画大师，又是诗人，这使他在造园时，成就非凡。

在扬州生活5年后，石涛建了大涤草堂。这个草堂，是他一生中唯一属于自己的定居之所。

大涤草堂的影响，是世界性的。它很小，只有老屋古树，几棵香椿树，此外，空空荡荡，别无他物。可是，它的借景，非常成功——背倚城垣，面临濠水。这便造成了一个奇迹：无山，似有山意；有水，则似溪流。园内园外，皆成景致。

石涛最成功的园林杰作，是片石山房。

片石山房，使叠石达到了巅峰。

片石山房后，有两个厅，有水池，池中有太湖石叠成的山，高五六丈，奇峭无比。沿着山崖险道，可登上绝顶。拾级而下时，因险要而心悬，手心都会攥出汗来。

在石涛的设计下，片石山房的景致，或正或反，或聚或散，或内或外，或虚或实，或断或连。既有层次，也有连绵，既有风致，也有缥缈。

那一块块叠石，灵性盎然，仿佛是从石涛的画中跑出来的。

公元1707年，秋冬时节，石涛患病。不久，病情恶化，长逝于扬州。

随着石涛的离世，片石山房的命运也被改变了。

176年后，一个名叫何芷舠的人，改变了片石山房的命运。

何芷舠生于清朝末年，世道混乱。他本是官员，因不堪乱世纷扰，在49岁时弃官从商。他来到扬州，想要修建一个后花园——何园。巧的是，一旁正好就是片石山房遗址。他便买了过来，并入何园。

何芷舠最大的贡献是，他没有拆毁片石山房，而是完整保存。这使石涛的叠山之作，成为一个绝世孤本。

除了片石山房，何园中的玉绣楼，也颇有特色。

这是一个二层小楼，有隔断套间，是推拉门。还有西风浓烈的壁炉、吊灯。但在屋顶，却仍使用小青瓦。格调极不寻常。

蝴蝶厅也极美，像蝴蝶的翅膀一样，有两间，很小，若蝶翅。

桂花厅临水而立，赏月楼隔水相望。楼阁之间，复道回廊相连不绝。

这些复道回廊，在园林中，是唯一的景观。它们全长1 500米，或直、或曲、或回、或叠，左右分流、高低勾搭、衔山环水、登堂入室，贯穿整个何园。既有回环之美，又有变化之幻，更有四通八达之妙，被誉为立交桥雏形。

何园的营建，长达13年。它是扬州大型私家园林中的压轴之作，被誉为“晚清第一园”。

扩展阅读

文人促进了园林发展。魏晋时，文人南下避难，在江南营造园林；唐朝时，韦应物、白居易、刘禹锡、李白、杜牧、李商隐等人都到繁华的苏州，为园林文化添枝加叶。

◎“大观园”的前生今世

和珅是福建人，他有一个凄惨的童年。

3岁时，他的母亲去世了。9岁时，他的父亲又去世了。如果没有一位老仆和父亲的一个妾室的保护，他和弟弟差点儿被赶出家门。

和珅努力学习，考上了官学。他长得很俊雅，武艺又很高强，是罕见的文武全才。

他很出色，在23岁时，被选为皇帝的仪仗队的侍卫。虽然他只负责抬轿、举旗杆，但他很高兴，因为接近了皇帝，这就意味着机会。

▼《大观园》内镂刻等景致极为精美

和珅极为聪慧，记忆力惊人，办事又果断、利索。他精通满语、汉语、蒙古语、藏语。西藏的班禅，与朝廷往来，他担任了翻译。他还会说英语，当外国人访华时，他便用英语对答，引人称奇，羡慕。

这些，已经引起了乾隆皇帝的注意。

他更加注意展示自己的才学了。他注意到，乾隆皇帝喜欢书法，喜爱作诗。他为了逢迎，又开始在诗书方面下苦功。他还弄清了皇帝喜欢的诗风、用典、词句等，总是投其所好地表现。

当乾隆皇帝咳嗽时，还不等宫女伺候，他就先一步地把溺器端了过去。

和珅的才学和殷勤，俘虏了乾隆皇帝。4年后，和珅被提拔为军政大臣。纪晓岚当时是《四库全书》的总纂官，要受和珅的领导。

和珅上任时，国库不足，内务府空虚。

和珅发挥才智，日夜勤奋工作，竟然在短短的几年内，就让库银变得饱满了，便于朝廷处理事务，也便于皇帝挥霍了。他的理财能力，的确是一个奇迹。

和珅迎来了他一生中的黄金时代。在此后的20多年中，他升迁了许多次，权倾朝野，百官争相谄附。

他开始公然索贿了。他的生活，也变得腐化堕落了。

他贪图享乐，在后海一带，修建了豪华宅第——“和第”。

▲繁华锦绣的恭王府模拟园林

这就是恭王府的前身，一个有皇家风范的私家园林。

“和第”，前为府邸，后为花园。花园，又名朗润园。第一进院落中，有青石假山、“独乐峰”；第二进院落中，有澄净的水池，池后有“滴翠岩”，岩上有3间“绿天小隐”厅，可俯瞰全园。

有一段城堡式的墙，上刻“榆关”。榆关就是山海关，喻意：当年清朝皇帝就是由此入关，一统中原。

▲奇妙的园林铺地

还有大戏楼。从垂花门进去，就能看到这个建筑，掩映在缠枝藤萝紫花间，美不胜收。

“和第”的布局，效仿了皇家苑囿，显示出皇家气派；内中有很多建筑，浓丽华美，尽显宫廷园林的特征。

可以说，它介于皇家园林与私家园林之间。

它既表现了权威意识，又营造了自然景观。而且，建筑与掇山相结合，非常独特，别出心裁。

◀《大观园》内景模拟图

和珅出入在这样的人间天堂中，安逸舒适。

但他的美好生活随着乾隆皇帝的驾崩而告终了。

乾隆死后4天，和珅就被抄了家，抄出白花花的银子8亿两。而朝廷每年的税收，也不过7 000万两。和珅所匿藏的财产，相当于朝廷十多年的收入！

朝廷震动，民众愤慨。和珅在“和第”，取白绫一抹，上吊自杀了。

“和第”被朝廷收回，又赐给了庆亲王永璘；之后，又赐给了恭亲王奕䜣。从此，“和第”便成为了恭王府。

恭亲王喜读《红楼梦》，而园中的一些景观又符合《红楼梦》中大观园的意境。因此，恭王府一度被称为大观园及荣国府的原型。

在园林史上，这成为一段佳话。

扩展阅读

园林铺地，有砖瓦铺就的席纹、人字纹；有卵石等铺就的海棠花纹、冰裂纹；有瓷片铺就的动植物纹等。苏州园林的花街铺地最著名，被皇宫借鉴，又庄重又雅致。

◎岭南园林：玲珑的文化

沈德潜是一个追求功名的人。他满腹才学，知识渊博。可是，从青丝到白发，他考了17次，皆不利，名落孙山。

这些年，他吃尽了苦头，备尝辛酸。

40岁时，他写了一首诗："真觉光阴如过客，可堪四十竟无闻。中宵孤馆听残雨，远道佳人合暮云。"内中的凄清，扑面而来；内中的不甘寂寞，荡人心怀。

他继续应试。可是，到了60岁时，他还是没有考中。

由于他的诗中蕴含着不满，朝廷还贬斥他，禁止他的诗作传播。

▶余荫山房的修竹

▲余荫山房中多植炮仗花，图为大朵的炮仗花

▲余荫山房、可园、青晖园、梁园，为岭南四大名园，图为《梁园飞雪》，可见梁园昔日风采

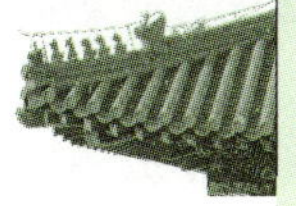

◀余荫山房的灵秀叠山

他呢？

毫不气馁，痴心不改，还是继续考。结果，到了66岁时，他终于夺魁了。

白发苍苍的沈德潜，总算熬出头了。他受到了乾隆皇帝的召见。

乾隆皇帝挽着他的手，缓缓地与他踱步在翰林院中，互答诗歌。

乾隆皇帝之所以这样亲和，是有这样的想法：豢养一个沈德潜很划算，既是尊老，又是惜才。

夏天，二人庭院唱和；冬天，二人围炉对话。

沈德潜备享荣宠，又被晋升礼部尚书。

乾隆皇帝将沈德潜比作李白、杜甫，他还郑重地告诉大臣们，说他和沈德潜的友谊，是从诗开始的，也是以诗循进的。

沈德潜77岁时，老得快走不动了。他便辞了官，回到家乡，著书，建园林。

沈德潜所建的园林旧址，非常古老，在宋朝时，是沧浪亭的一部分。

他扩建时，把水池居中，点缀稀稀拉拉的建筑，庭宇极为清旷。

他取“仁者乐山，智者乐水”之意，命名此园为“乐园”。

▶余荫山房俯瞰图

▶古朴的余荫山房

园成，东为书院，西为沈氏宗祠和宅院。乾隆皇帝特意下旨，破例为沈德潜在园中建生祠。

沈德潜在乐园逍遥了20多年，当他去世时，已然97岁，非常高寿。乾隆皇帝又为他写了挽诗。

故事至此，却没有完结。

江苏发生了一桩文字狱。有一个人所著的诗词，被认为是悖逆朝廷，乾隆皇帝派人查处，发现沈德潜生前和此人是朋友，还为此人的书作了序。

乾隆皇帝顿时翻脸，大骂沈德潜，是个“昧良负恩”、“卑污无耻”的小人！

皇帝把原来封给沈德潜的荣誉，全部“追回”。可是，沈德潜已经入土多年，还能怎么惩罚他呢？

皇帝怒气不小，坚决要惩处沈德潜，命人把沈德潜的

坟墓给铲平了。

沈德潜的祠，也被收回；所有的荣华，都成泡影。

至于乐园，也被收回，命运几经转折。

最初，乐园归江苏巡抚梁章钜所有。他把乐园改成书院园林，更名为可园。

可园，有挹清堂。堂前有水，可照影；水中有鱼，倏然来往；鱼间有荷，临水可钓；荷旁有亭，形状若舟；亭间有风，坐可观月。

后来，在临水处，又建了一个小亭，名为浩亭。亭子周遭，遍地古梅，寒香凛冽。

可园很小，但有玲珑之美。它与余荫山房、清晖园、梁园，并称岭南四大名园。

余荫山房，别有山趣。内有榆树、炮仗花，两相牵缠。花朵金黄，翠叶摇曳，极为曼丽。水榭，在水中央，脱水而出，极为婀娜。青竹，在围墙夹墙中，使人心旷神怡。

清晖园也极为细巧。它疏而不空，密而不塞，对景相成、步移景异，路已走完，意犹未尽。理水独特，荷塘处，深池四壁，环以高树廊房，得一派清凉，调节了整个园子的气温。

梁园的奇峰异石，最是奇美。奇的是，山不是“叠”出来的，而是一石成山，独石成山。此法，独树一帜，反映了个性的觉醒，自由人格的觉醒。

4个小园，极尽玲珑之美，不可多得。

扩展阅读

清朝中期，私家园林成熟至极，频添造园手法，比如框景、对景等。框景就是门、窗、洞、树枝等抱合而成的景框，会把远处的山水景观、人文景观都囊括进来。

◎有个性的“个园”

14岁的黄至筠，满心凄楚。他的父亲去世了，家产遭到了掠夺，他家破人亡，唯有泪水簌簌滚落。

这是一个坚强勇敢的少年。他没有被命运打垮，坚毅地求生、自学。

19岁那年，他找到父亲的一个旧友，寻求帮助。此人给京城的两淮盐政写了一封信，推荐他到那里寻找机会。

黄至筠再三感谢，然后，独身一人，骑着一头毛驴，长途跋涉进京了。他没有钱，一路上风餐露宿，饱受寒苦，总算熬到了京城。

见了两淮盐政，黄至筠沉稳冷静，谈吐不俗，颇有城府。两淮盐政很惊喜，认为他是一个难得的人才，就让他到扬州去，担任两淮商总。

黄至筠到任后，很快如鱼得水，做出了成绩。他自身也改变了贫困的面貌，变得富裕起来。

这个时候，朝廷正值困窘，军费不足，财政困难。为解燃眉之急，朝廷公然出售官职。远在扬州的黄至筠听说后，立刻意识到这是一个飞黄腾达的好机会，刻不容缓地捐资几十万两白银。朝廷大喜，没有食言，派他担任盐运

▼嶙峋自然的人工山洞

▼石头叠砌的冬山

使。这是一个紧俏的官职，可以捞到更多的油水。朝廷还邀请他进京，在圆明园听戏，赐给他一堆仆人。

▲展翅欲飞的多角南，尖顶极具个性

黄至筠彻底成了大人物，扬州的盐政、商户，一举一动，都要看他的动静。百姓谈天，第一话题就是他。

苦日子一去不复返，黄至筠日夜尽是享受。仅是早餐，食谱上就有燕窝、参汤，以及两个鸡蛋。

在住宿方面，他也追求起舒适和优雅来。

有一天，他看中了一个小玲珑山馆，眼睛不眨就买了下来，改建为个园。

黄至筠不是庸俗的商人，而是一个禀性卓绝的人。这种性情，使得个园也被赋予了“个性”，在众园林中，卓尔不群；且与颐和园、避暑山庄、拙政园并称为四大名园。

个园，多竹石。从月洞门入园，门上有“个园”二字。“个”，是取竹字的半边，契应竹临；另外，也因竹顶的每3片竹叶都可呈“个”字，在墙上的投影也是“个”字。黄至筠名字中的“筠”，也借指竹，因此，称为个园。

扬州为水城，罕见山石，一马平川。为弥补这个缺憾，只能人工堆叠假山。在个园中，有4组假山，分别以春、夏、秋、冬命名。也就是说，用石头叠成了春、夏、秋、冬四季山景。

开篇为春，铺展为夏，高潮为秋，结尾为冬。

春山柔媚。有透空的花墙，有青砖的花坛，有绿斑斑的笋石，有稀疏的翠竹，有黑色的湖石。一动一静，散发着春之气息。

夏山静谧，由剔透的湖石堆砌。6米的主峰上，有建鹤亭。山上有老松，肃穆沉静；有紫藤架，枝叶垂披。山下有睡莲，朵朵如梦，尽显夏之生机。

秋山壮美，体量庞大，高峻，由黄石层层堆叠，气势磅礴。枫树叶红如染，松栌苍翠凝碧，流荡着秋之魂魄。

冬山苍莽。有24个洞，代表了24个节气。洞孔排列均匀、整齐，一有风过，便发出呼啸声，恰如北风来袭，寒意料峭。洞开凿在粉墙上，有双重作用，一是借“风”生寒，二是代替了花窗。地面上，还以冰裂纹铺地，增添了冬之凛冽。

“春山淡冶而如笑，夏山苍翠而如滴，秋山明净而如妆，冬山惨淡而如睡。”这种山水画论，在个园中，体现得淋漓尽致。这在古典园林史上，是一个孤例。

扩展阅读

亭有半亭、双亭、独立亭等；亭的平面有三角、四边、方形、五角、八角、圆形、梅花形、扇形等。常见的亭顶，有攒尖顶、歇山顶、卷棚顶等。皇家多用重檐顶。

◎疼痛的圆明园

公元1860年10月6日，英法联军如狼似虎，直扑圆明园。清朝军队的残部在城北设防，但只是象征性地抵抗了一下，便都溃散了。

法军猖狂而来，践踏京城，在黄昏时分，野兽似地闯入了圆明园的大宫门。

当他们蹿到贤良门时，圆明园的太监不堪国辱，愤而抵抗。一个叫任亮的太监，带着20多个太监，以单薄之躯去阻挡浩荡的法军。他们不惧刀枪，奋力向前，毫不恐慌。然而，他们终究人少，武器落后，寡不敌众。最终，任亮以身殉国，其他太监也都壮烈地战死。

入夜，在7点左右，法军侵占了圆明园。管园大臣悲愤交加，不肯投降，投海而死。

第二天，英军也闯入了圆明园，与法军一起劫掠园内珍宝。

法军司令是孟托邦，他下手极快，让人把具有艺术价值、考古价值的珍宝，都搬运出来，从海上运回法国，藏在法国博物院。

英军司令是格兰特，他见了法军的行为，也急不可耐，马上命令抢劫。

一时，无数的英国人和法国人，苍蝇一般涌入圆明园。为了抢夺珍宝，他们发生龃龉，互相殴打，不停地械斗。

由于珍宝繁多，侵略者们眼花缭乱，常常不知拿什么最好。

在七手八脚中，景泰蓝瓷瓶被抱走了，绣花长袍被拽走了，珍禽皮大衣被扛走了，镶珠嵌玉的挂钟被背走了。

▼圆明园内的杏花村馆

有的无耻之徒，背着大口袋，把各色珍宝一股脑地都塞进去；还有的人，把金条、金叶都裹到衣服里；还有一些人，把织锦绸缎都缠在身上，左一层右一层，好似木乃伊；更有一些贪婪者，把红宝石、蓝宝石都倒在帽子里，把翡翠项圈一条条地挂在脖子上，沉重的珠宝让他们抬头都很费劲儿。

▲圆明园铜版画复制品，图上为海晏堂水法

法军总司令的儿子，最能抢掠。他所得的珍宝，用了好几辆马车才装下去，总价值达30万法郎。

有一个英国兵，名叫赫利思。他抢劫了2座金佛塔，还有其他珍宝。他自己实在难以搬运，最后找来7个壮汉，帮他搬了回去。他因这次抢劫，而变得暴富了，竟然名声大振，被称为“中国詹姆”。

▲圆明园铜版画复制品，为中西合璧的绝世杰作

其他的普通士兵，也个个发了横财。他们在一处厢房中，发现了上好的绸缎，堆积如山，足够一半的北京人所用。他们心花怒放，蜂拥而上，疯狂地拖拽。绸缎从箱子里拖出来时，被扔了一地；人走进房内，可遮没膝盖。最后，都被他们恬不知耻地用大车运走了。

▲圆明园铜版画复制品，可见设计美轮美奂

圆明园内，许多器物都遭到了毁灭性的破坏。入侵者随身携带大斧，到处砸碎器物，以便取下镶嵌在上边的宝石。

还有一大部分入侵者，手抡木棍。他们看到许多珍宝都不能带走，便将其全部捣碎。

第一次大劫掠结束后，在10月11日，英军又派出了1 200余名骑兵和一个步兵团，进行第二次洗劫。

在经过此次抢劫后，圆明园内的441件钟表，几乎被劫掠一空，只幸存一件大钟；有据可查的失散物件，有1 197件，这个数字，只是园内物件的千分之一二；很多被抢走、被破坏的物件，都是无价之宝。

在犯下了摧残人类文化的滔天大罪后，10月18日，灭绝人性的侵略军又派出3 500人，纵火焚烧圆明园。

咸丰皇帝的一个妃子常嫔，刚刚入园不久。她一生未有生育，百无聊赖，前些天，气候炎热，她依照惯例到圆明园消暑。咸丰皇帝则跑到避暑山庄去避难。当英法侵略者杀来时，她无处可藏，无人可诉，无能为力，无可奈何，只好战战兢兢、哆哆嗦嗦地等待着命运的裁决。当法军开始焚烧圆明园时，常嫔再也承受不了，她望着熊熊火光，在惊吓中，气绝而亡。

消息传到了咸丰皇帝那里。咸丰皇帝气愤难当。虽然常嫔并不受宠，但如此之死，有伤国家尊严。咸丰皇帝下令，严惩相关官员，妥善安葬常嫔。

然而，由于英法联军还在园内又纵火，又抢劫，承办常嫔后事的人，抬着彩棺，却无法进园。盛夏时节，常嫔的尸体就那样滞留着，不能入殓。

咸丰皇帝无法，只能下旨，将就着办。

照理，妃子下葬要知会工部，可是，承办人员已经顾不得这些了，理都不理工部，直接雇来几十个人，悄悄入园。他们没有设仪仗，只取来大红蟒缎，草草地罩住彩棺，然后，忙不迭地装殓。等到暮色降临后，他们又依靠夜色的掩护，偷偷地抬着棺材来到村外，一顿饭的工夫就给掩埋了。

在大火蔓延到安佑宫时，由于纵火突然，主事太监担心入侵者入宫，从里面反锁着大门。结果，大火扑来时，300多个太监、宫女、工匠，无处逃脱，被活活烧死，惨不忍睹。

英法联军制造了世界文明史上最罕见的暴行，最残忍的暴行。

而那场大火，持续了3天3夜，圆明园被毁坏得满目疮痍，成为园林史上的一大灾难。

那么，作为一处园林，圆明园到底有多美呢？

圆明园诞生在康熙时代。身为大型的皇家园林，它既是皇家避暑胜地，又是理政之处，还是居住之所。

圆明园、长春园、万春园这3个园，呈倒“品”字。它们共占地5 200余亩。

圆明园，为水景园。人工开凿的水面，占园面积的1/2以上；湖上，有9个小岛，象征“九州”。

北边，为水木明瑟。里面有土风扇，依靠水力制冷。林瑟瑟，水泠泠，风习习，鸟寂寂，水木明瑟，岂是一个“凉”字了得！

福海，水面最大，占园面积1/3。开朗，辽阔，一碧万顷。

最大的特色，是西洋式建筑群。乾隆年间，意大利人朗世宁、法国人蒋友仁等来华。他们有多重身份，既是传教士，又是画家，还是建筑师。在朗世宁、蒋友仁的参与下，西洋楼建筑群陡然而起，是18世纪盛行的巴洛克风格、洛可可风格。

蒋友仁设计了3组喷泉，极为庞大，壮观，且为人工制造。清朝人称为“水法”。

有一组水法，在谐奇趣。谐奇趣是第一座拔地而起的西洋楼，3层。水法位于楼南，是海堂式的喷水池，由铜鹅、铜羊、石鱼组成喷泉。

另一组水法在海晏堂。海晏堂是最大的西洋楼。水法位于阶前，有12只兽面人身青铜像，分别是鼠、牛、虎、兔、龙、蛇、马、羊、猴、鸡、狗、猪，对应十二个属相；每个昼夜，兽头会依次喷水，每个兽头喷2个小时；到正午时，十二兽会一齐喷水，为“水力钟”。最初，传教士想设立裸体女人像，让她们喷水，皇帝觉得裸体不雅，这才把女人改成了十二生肖。

还有一组水法，就是大水法。大水法是最壮观的喷泉。它就像一个庞大的门洞，洞中探出一头大狮子，顶部喷水，喷出7层水帘。在水池中，还有一只青铜梅花鹿，鹿的两旁，有10只青铜狗。狗从口中喷水，射向鹿，溅起层层浪花，激起片片涟漪，名曰“猎狗逐鹿”。

此前，动态水景，都依靠落差流水来营造。而圆明园，却将此法结合了西洋喷水法，为园林史掀开了晶莹的一页。

西洋楼占圆明三园总面积的2%，比例很小。可是，它却是成片建造的，是第一次成功的尝试。对于东西方园林交流，是十分重要的，影响波及了欧洲。一些欧洲人因此说道：“圆明园者，中国之凡尔赛宫也。”

西洋楼并非一股脑地照搬西方，也运用了中国传统技法。比如，海宴堂的小殿，就是中国式坡顶，且有琉璃瓦，有花纹镂刻。

与大内御苑不同，与行宫不同，与赐园不同，圆明园有多重功能。它既是内苑，又是宫廷，堪称“离宫型皇家园林”。

园内，到处是名花异草，满目皆奇石珍玉，装饰华丽，金碧辉煌，有“万园之园”之称。它代表着古代皇家园林的最高成就。

它的造园，有北方宫苑式，也有南方自然山水式，“北雄南秀”，一一尽得。

它的技法，有对景、引景、借景，也有显隐、主从、避让、虚实、连续、隔断等。

圆明园还是一座皇家文物博物馆，内藏字画、秘府典籍、钟鼎宝器等；都是稀世文物，都是古代文化精粹。然而，不幸的是，它却无端地遭到了列强的洗劫。

全世界的正直人，都为这种洗劫而愤恨。

全世界的良知者，都为这野蛮的罪行而怒起。

大文学家雨果愤怒地写道："有一天，两个强盗闯进了圆明园，一个洗劫，另一个放火……两个胜利者，一个塞满了腰包——这是看得见的；另一个装满了箱箧。他们手挽着手，笑嘻嘻地回到了欧洲……将受到历史制裁的这两个强盗，一个叫法兰西，另一个叫英吉利。"

法国和英国的暴行，以其臭名昭著，而永铭历史。

圆明园沧桑不已，当英法联军走后，土匪又来掠夺剩余的残物，小民则捡拾掉落在道上的零碎。他们还钻入园中，抄着扫帚，疯狂地扫着各处浮土，然后，用簸箕筛泥土，以便筛出埋于尘土中的细碎宝物。园中飞沙扬尘，弥天盖地，园内幸存的太监愤怒不已，称他们为"筛土贼"。

清朝灭亡后，时光进入民国，军阀又跑来掠夺圆明园。他们的搜罗，非常仔细，无论是地上的方砖、屋瓦、墙砖、石条，还是地下的木钉、木桩、铜管道等，都不放过。

圆明园荡然无存，只余一片废墟；历经150余年经营的园林，变成了凄凉的荒芜之地。

扩展阅读

元朝狮子林，有竹万竿，多怪石，状如舞狮、睡狮、卧狮、嬉狮等，变化万千，意趣无穷；庭前有玉兰花树，楼西有荷花厅。清末，园废。民国，得一颜料商重修。

◎挪用海军军费建造的景观

有一个女子，在选秀时，被选入皇宫，赐封贵人，后封为嫔。4年后，她生下一个皇子，晋封为妃。隔年，又晋封为贵妃。

皇帝病弱，恰逢英法联军入侵，又遭太平天国农民起义，他难以承受，心力交瘁。她则冷静深沉，且工书法。于是，皇帝便总是口授政事，让她代笔批阅。渐渐地，她还被允许发表一些政见了。这在男尊女卑的时代，是大逆不道的。大臣们很不高兴，对她心生不满。她知道后，则心生恨意。

又过了5年，皇帝驾崩了，幼小的皇子继位。她趁着新皇帝年幼，发动政变，设计逮捕了对她不满的8个大臣，然后，以太后的身份，开始了垂帘听政的生涯。

她，就是慈禧。

慈禧太后有一定的政治才能。她听政后，排除歧视，重用汉臣；发展工业，以为民用、军用；训练海军、陆军，加强战备。

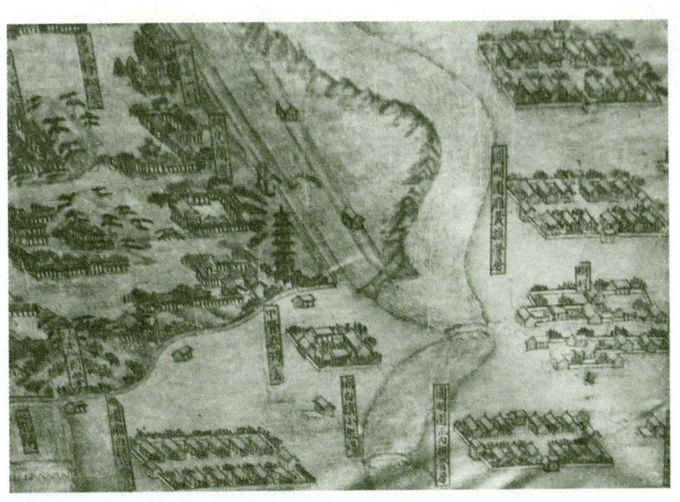

◀三山五园是北京西郊一带皇家行宫苑囿的总称，包括颐和园，图为三山五园外营盘图

她的种种举措，都缓解了清朝的统治危机，使朝廷得到暂时的稳定；同时，还在一定程度上使中国近代化进程得到了加速。

然而，慈禧太后又有贪腐堕落的一面。

她在光绪皇帝继位后，完全掌控政权，为了享乐，她不顾飘摇的朝廷，不顾苦楚的民众，想大规模修复清漪园。

▼光绪皇帝像

清漪园，坐落在北京的西郊。乾隆在世时，他想建一个昆明湖，用来训练水军，便建造了清漪园。

清漪园的成功之处在于，造园与水利结合；人工建筑与自然山水结合。

园内的宫廷区，是禁区，不得随意进入。内有外朝，有内寝。院落封闭、对称，严谨，富丽，威严，神圣。但作为园林，又不同于紫禁城。屋顶没有琉璃，是卷棚顶，柔和，优美。

从宫廷区，可以转入前山湖区，刹那间，豁然开朗。

水面上，慵懒地横卧着十七孔桥。桥栏的柱头上，有石狮500多只。桥利用了力学原理，虽为拱形，却更坚固，更省料，更省工。

平桥观景，很单调，很呆滞；而拱桥观景，却有动感，有层次，有变幻。它那柔美的曲线，本身就是一道奇美之虹。

在佛香阁、智慧海等形成的中轴线上，有一带游廊，一色的黄琉璃瓦，最为壮观，华光四溢。在廊梁上，绘有8 000多幅彩画。

长廊逶迤，每隔一段，就有一座亭子。亭子可通水榭。

长廊既串联了建筑，又起到了围合、分隔的作用，充满节奏感、韵律感。这是清漪园的独创。

佛香阁极有灵气。万寿山看起来很呆缓，但山腹上的

佛香阁，却打破了这种呆缓，使它豁然生动起来。

佛香阁建在半山腰，而不建在山顶，是因为它体量庞大；若建在山顶，又无法使它与昆明湖呼应。

后山的须弥灵境，与前山的佛香阁，隔着山，脊对脊，背靠背。这个佛殿，是汉藏风格的结合。喇嘛塔有4座，4种颜色，黑、白、绿、红，也称四色塔；这4种颜色，代表佛的四智；这四智，又代表佛教世界的4种元素：地、火、水、风。

谐趣园，是清漪园中的一个水园，一个玲珑小巧的园中园，几乎与清漪园齐名。

谐趣园，是“以山抱水”，尽显江南风情，烟水迷蒙；清漪园，是“以水抱山”，尽显皇家大气，气势磅礴。

这种设计，动静结合，奇特，讨巧。

英法联军入侵北京后，把清漪园掠毁、焚烧，园林几近荒芜。在经历109年的岁月后，满目疮痍。

慈禧太后对清漪园情有独钟，她多次下令修园。可是，国家动荡，国库空虚，经费拮据，大臣们拼命反对修园。所以，清漪园一直荒废着。

慈禧太后并不死心。公元1884年，她再也按捺不住享乐的欲望，私自挪用了海军经费，让人去修复园林。

海军部本来就不宽裕，捉襟见肘，在被慈禧太后抽走500多万两白银后，更加紧巴，连训练的装备都成了问题。

慈禧太后不管这些，照旧修园。她生性喜欢江南彩画，便把许多亭廊的彩画，都从和玺彩画，变为苏式彩画，从细节上，改变了清漪园的原貌。

修园时，赶上中日甲午战争，光绪皇帝主战，慈禧太后亦主战，“不准有示弱语”。可是，当大臣提出，停修园林，把经费移作军费时，慈禧太后却顿时翻了脸。她大发雷霆，竟然厉声说道：“谁今天让我不开心，我就让谁一辈子不开心！”

▶庞大的皇家苑囿

军费没有着落，清军在战场上屡屡失利，北洋水师在海战中遭受挫折。

慈禧太后接到军情后，未做表示，还继续修园。

园成，慈禧太后把清漪园改名为颐和园。

她还打算，要在颐和园的排云殿，大摆宴席，庆贺她的60岁生日。但是，由于战争形势日益紧张，屡战屡败，压力重重，即便她想一意孤行，也无法实现。她便在紫禁城的宁寿宫过了寿辰。

就在第二年，北洋水师全军覆没了。慈禧太后派人渡海，前往日本乞求和谈，签订了屈辱的《马关条约》。

战败后，慈禧渴望变法强国，一雪前耻。可是，她又担心，光绪皇帝会借着变法的机会，脱离她的控制。那样，她就无法垂帘听政了。

于是，她把光绪皇帝幽禁了起来。幽禁处，就是颐和园内的玉澜堂。

至此，颐和园成了世界上最豪华的一座监狱。

光绪皇帝原本虚弱，面色苍白，神经衰弱。在被关押后，他更加抑郁，头疼不止，时常发热，脊骨也痛，没有胃口饮食，肺部也不好，腰部也有疾，尿液中含有蛋白质。

公元1900年，当八国联军洗劫颐和园时，慈禧太后挟持光绪皇帝，从颐和园出逃，径奔西安避难。

第二年，当战事稍平后，慈禧太后回到北京，又幽禁了光绪皇帝。同时，她再次动用巨款修复颐和园。

7年后，一个冬日傍晚，光绪皇帝死于幽禁之所，年仅37岁。光绪帝死于急性砒霜中毒，有人认为，是慈禧太后将他毒死的。

就在次日下午，慈禧太后也撒手人寰，终年73岁。

扩展阅读

南宋辛弃疾词："醉里挑灯看剑，梦回吹角连营。"他是爱国英雄，抑郁而死。为纪念他，清朝建稼轩祠。祠内，有七曲石桥，桥蜿蜒至湖心；湖心有岛，岛上有亭；亭接回廊，古意盎然。

◎微缩版园林

丁善宝是清朝的豪绅，住在山东潍坊。他很有钱，花了巨款，给自己捐来一个举人的头衔，又捐来一个内阁中书的头衔。但他并不是只有钱，他还腹有才华，能诗能文。

在他的宅邸西边，有一所废宅，是明朝一个刑部侍郎的故居。废宅前，有厅房；废宅后，有居室。无一不破败，不倾颓。唯有3间小楼，在风雨中静立。他颇爱山水，想造个小园林，便在秋天把它买下来。

他把小楼修葺了，题名砚香楼，作为图书馆藏书。

他把废厅挖开，成为水塘，在水面上建了4个小亭子，分别叫做四照、漪岚、小沧浪、稳如舟。

他又建了小西楼，题名春雨楼。下筑回廊，架小桥，别致极了。

他又搜集了旧石，在水塘之东，叠成假山。山上，有蔚秀亭。山南，有草堂。

此外，还有西院老屋，有深柳读书堂，有秋声馆，有静如山房，有碧云斋。

▼艳丽无比的九龙壁

◀小巧精致的十笏园

碧云斋是他睡卧的地方，前有老树梧桐，后有绿阴匝地，绿意缭绕，静谧无声。

他请了3个文友一起设计，结果，只用了8个月，就完成了。

当然，也是因为园林很小。按照丁善宝的说法，园子只有“十个笏板”大。“笏”，是官员上朝时手握的笏板。因此，丁善宝把它取名为十笏园。

在园林史上，北方的私家园林，素来少于南方的私家园林。而十笏园，却是北方私家园林的翘楚。

这个缩微版的园林，微小至极，层次却很多。

十笏园的总面积，只有2 000平方米，园内，却有20多处亭台楼榭，67间房，还有水池、小岛、曲桥、假山、游廊等。紧凑，却不拥挤；空间有限，美却无限。布局严谨，疏密有致，错落相间，一步一景。

十笏园中，北方之风，异常浓烈。但又兼具江南的自由委婉。无论是池岸的进退、驳石的堆叠，还是东山的耸秀，廊舫的依水，都是江南情调。

丁善宝常在十笏园设宴。文人雅士若游此园，也深感荣幸。

▶十笏园内，紧凑而疏朗

康有为有一次游十笏园，在园内住了3夜。临行，留下诗句："峻岭寒松荫薜萝，芳池水石立红荷。"意境美极。

扩展阅读

北海是辽金元的离宫，明清时为皇家御苑。有九龙壁，用黄、白、紫、绿、蓝琉璃砖瓦镶砌；9条龙艳丽无比，是园林中不可多得的建筑，也是唯一的双面九龙壁。

◎哪一个“长留天地间”

清朝末年，盛宣怀可谓是最忙碌的人之一了。

他既是朝廷官员，又是“中国实业之父”，又是“中国商业之父”。他还创造了11项“中国第一”：第一个电报局；第一家银行；第一所大学；第一座公共图书馆；第一个红十字会……

这么多的事务，让他忙得不可开交。日日夜夜，他都要接触没完没了的公函、信札、文件、电报等。

可是，尽管如此忙碌，他却仍旧一丝不苟，认真踏实。他签发的每一份文书，都不草率，都要经过草拟、誊清修改、再修改等三稿，甚至要经过更多稿次，才会发出。由于他每天都要这样地签发很多文书，他的劳累程度，超出了常人的想象。

等到他老迈时，他还是那么认真，那么严谨细致。

他在监管造币厂时，涉及币制条款。他先召人商榷，然后，形成文件。之后，他一条一条地细看。当他生病后，他躺在病榻上，也要亲自看，精细到了极点。

在辛苦的工作中，他创办了第一个民用股份制企业轮船招商局。他的心很细腻，招商局成立后，他单独另立了一本台湾轮船账簿，里面详细地记录了保险、劳工、煤炭、物料、关费、码头过驳等，清清楚楚，历历在目。

他又创办了电报局。当八国联军入侵北京时，他正在上海。慈禧太后挟持光绪皇帝避走西安，在西安组成了一个临时军机处，一个流亡的小政府。为了使这个流亡政府，与外界沟通信息，他的电报局成了唯一的渠道。北京的大臣先通过电缆，将情况通知给他，然后，再由他从上海传递到西安。

其他的各派势力，也都通过他与西安保持联系。

▲苏州精巧园林平面图

电报局成了当时的总枢纽。电文多如小山，数不胜数。盛宣怀一刻不停地忙碌。尽管如此，他并不马虎，还是仔细地留存副本或底稿。

正是由于他的杰出工作，使得一些珍贵的档案，幸运地留到了今天，从而让后世真切地洞悉了那段史实。

盛宣怀的一生，可谓是辉煌的。而他在辉煌时期所建的寒碧山庄，也因此名震天下。

寒碧山庄，位于苏州古城阊门外，是明朝太仆寺卿的私家花园。

它有东园、西园。清朝时，一个刘姓官员买下东园，种了许多白皮松，称为“刘园”。盛宣怀买下刘园后，谐“刘园”之音，改名留园。留园又有“长留天地间”之意。

明朝时，这个园林的气质，疏朗，淡泊，有山林野趣；清朝时，这个园林的气质，深邃，幽静；盛宣怀改建后，这个园林的气质，富丽，堂皇，淹没了深邃之气，曲折之意也几乎殆尽。

留园中，曲廊回转，依势屈曲，通幽渡壑，长达600~700米，美得惊人。

在曲廊的廊壁上，还嵌着300多方历代书法石刻。光是雕刻它们，就花费了漫长的25年时光。

留园中部，水影片片；留园东部，曲院回廊如歌；留园北部，村野风光无限；留园西部，假山高耸。

▲清雅的江南园林一角

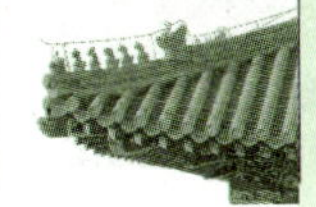

留园内的建筑，有高有低，错错落落，玲珑小巧。墙为白色，瓦为灰色，门窗为栗色。颜色温和，雅致；情趣淡泊，坦然，堪称“小桃源”。

盛宣怀增建了很多亭台楼阁，有厅堂，有戏台，有书房，有楼馆。如此密集的建筑，都塞进了一个留园中，空间会不会很挤呢？

不会。

这是因为，建筑庭院划分与园林空间组合，使得空间的大小、明暗、开合、高低，都很参差，对比呼应，拓展了空间。

历史呼啸而去，迄今，留园已成苏州的标志之一。一个美国组织想用20亿美元买下留园，被苏州政府拒绝了。留园至今仍是中国珍贵文化遗产。

扩展阅读

《扬州画舫录》是清朝李斗所作，共18卷，有戏曲史料，有小说史料，更有园林史料。李斗一般先总叙园林布局，再分述园景，进行全貌性的解读，异常珍贵。

◎山水私有化

庄士敦是英国人，从牛津大学获得了文学硕士学位。他到中国后，生活了30多年，经历颇为传奇。其中，最神秘的岁月，是他担任末代皇帝溥仪英文教师的那5年。

庄士敦成为“帝师”时，已经45岁，溥仪只有14岁，尚且天真，称他为“苏格兰老夫子”。

庄士敦对溥仪的教育，是尽心竭力的。他细致地向溥仪介绍西方文明，拓展溥仪的知识面，让溥仪思想大开，

▶末代皇帝溥仪幼年像

影响了溥仪的一生。

庄士敦对溥仪的关心，也是无微不至的。时值社会动荡，他担心溥仪会有危险，处处留心保护溥仪，支持溥仪。

溥仪是近视眼，但不被允许戴眼镜，以免有损皇帝至尊的形象。溥仪很苦恼。庄士敦便去为溥仪争取，他说："不同意给溥仪配眼镜，我就辞职。"庄士敦代表英国，是不能得罪的，因此，溥仪终于能戴眼镜了。自视力下降以来，他第一次看清楚了眼前的世界。

庄士敦又介绍溥仪与印度大诗人泰戈尔见面。在他的帮助下，溥仪还学会了通电话。

溥仪对庄士敦的感情很深，赐庄士敦一品顶戴，加庄士敦御书房行走等职，还让庄士敦住在养性斋。

养性斋，是御花园的一个重要建筑。

御花园，始建于明朝，原名为"宫后苑"，属内廷花园，位于皇后所在的坤宁宫之后。在古代，它是距皇帝宫殿最近的一处园林。

从坤宁门走到御花园，先见天一门，歇山顶，琉璃瓦，气派非凡。琉璃瓦是明朝皇家园林的符号之一，无论殿堂楼宇，还是亭榭廊轩，都有它的身影。黄绿相间，流光溢彩，绚烂富贵，华丽无比。

过了天一门，就是高大的钦安殿。碧色修竹，与白色栏杆交映。

钦安殿之东北，是人工假山——堆秀山。它由太湖石堆砌，高14米。为了让山上有水，起初，由人抬木桶上山喷水。后来，发明了人工造泉喷水，依靠水自身的压力，形成喷泉。

山水私有化了，帝妃们在森严的皇宫内也能感受到灵山活水的气韵了。每年的9月9日重阳节，他们都会登上堆秀山，欣赏这藏在大内深处的秋景。

庄士敦所在的养性斋，在御花园内的西南角。它的营

▶琉璃瓦是明朝皇家园林的符号之一

▶红色墙壁与黄色琉璃瓦的搭配，庄严耀眼

建，颇为奇特，呈一个“凹”字形；而位于东南角的绛雪轩，却呈一个“凸”字形。一斋一轩，两两相对；一凹一凸，高低不同；既相互对称，又各有灵动。

养性斋，面阔7间，前有碧树，斋上有楼。楼内，是溥仪的小书斋，也是溥仪休憩之处、散心之处。溥仪常和庄士敦坐在那里，向楼外望去。当海棠花开时，绛雪轩前的5株海棠树间，便有花瓣萧萧而落，恍若红雪纷纷飘降。

这种景致，动人心弦，让庄士敦沉醉不已。

园内，还有许多小生物，如蚂蚁、蜜蜂、蝴蝶等。溥仪年少，对生物兴趣极大，但对一些生物现象又很迷惑。庄士敦是博学之士，他给溥仪讲授了许多自然科学知识，

解释了蚂蚁为何搬家，蜜蜂采蜜原理等。

公元1924年，局势愈发混乱，战乱愈发频仍，身为皇帝，溥仪已存身困难，他被驱逐出了皇宫。庄士敦害怕有人挟制溥仪，便帮溥仪逃到使馆区，暂时躲避在一家德国医院。然后，庄士敦让人跑到英国大使馆，联系英国大使，给溥仪提供帮助。

不知怎么那么巧，英国大使正好外出，一时联系不上！

庄士敦非常焦急，他只好亲自去英国大使馆。

然而，庄士敦刚离开，亲日派就来到德国医院，连要挟带恐吓，逼迫溥仪离开医院，住进日本大使馆。从此，溥仪便被日本军控制了。

当庄士敦联系妥当，赶回来时，已然晚了。

庄士敦倍感无奈和凄凉。他瞬间沉沦下来，精神难以振作，默默地回国了。

庄士敦一生未婚，回国后，他还眷恋着溥仪和中国。他难以释怀，写下了《紫禁城的黄昏》一书。在获得稿费后，他买下一个小岛，在那里，升起了代表溥仪及其政权的国旗；他又筹措了一个陈列馆，把溥仪赐给他的朝服、顶戴、饰物等，都整整齐齐地摆放好，静静地凝视，静静地怀念。

扩展阅读

莲花池为元朝汝南王张柔营建。他让俘虏中的南方工匠种藕养荷，筑亭榭楼台，蓄鱼鸟走兽，名雪香园。明朝时，因其莲花繁茂，改为莲花池。清朝为皇帝行宫。

图书在版编目（CIP）数据

园林，克隆的山，复制的水 / 王丹著. --哈尔滨：黑龙江教育出版社，2014. 3
ISBN 978-7-5316-7357-6

Ⅰ. ①园… Ⅱ. ①王… Ⅲ. ①园林艺术–中国–青少年读物 Ⅳ. ①TU986.62-49

中国版本图书馆CIP数据核字（2014）第059090号

园林，克隆的山，复制的水
YUANLIN，KELONG DE SHAN，FUZHI DE SHUI

作　　者　王丹
选题策划　彭剑飞
责任编辑　宋舒白　彭剑飞
装帧设计　琥珀视觉
责任校对　徐领弟

出版发行　黑龙江教育出版社（哈尔滨市南岗区花园街 158 号）
印　　刷　北京彩眸彩色印刷有限公司
新浪微博　http://weibo.com/longjiaoshe
公众微信　heilongjiangjiaoyu
E-mail　heilongjiangjiaoyu@126.com

开　　本　700×1000　1/16
印　　张　14.5
字　　数　170千字
版　　次　2015年1月第1版　2015年10月第1次印刷
书　　号　ISBN 978-7-5316-7357-6
定　　价　28.00元